# 300种常见园林树木识别图鉴

布凤琴　宋　凤　臧德奎　著

化学工业出版社

·北京·

本书收录了我国常见以及应用虽少但表现良好的园林树木300种（种及个别表现优良的杂交种），加上变种、变形、品种共计566种，隶属于64科、145属。从园林应用的角度，按照习性分为常绿乔木、落叶乔木、常绿灌木、落叶灌木、常绿木质藤本、落叶木质藤本六类。每个树种主要包括种名、科属、学名、产地、识别特征、生态习性、园林应用，并与相近种进行辨析，其中生态习性采用直观性强的图例表达。本书图文并茂，每个树种精选了树形、叶、花、果、芽等各部分的图片，并从实际需求出发，注重休眠期即冬态的识别特征，增加了枝干、冬芽、叶痕、枝髓等特征图片，便于读者可以在不同时期认知、鉴别。

本书是作者多年实践及教学工作经验的成果总结，是园林设计、园林施工、工程监理及园林行业其他相关人员、植物爱好者等的实用工具书，也可作为高等院校园林、风景园林、景观学、城市规划等相关专业学生的实习指导书。

**图书在版编目（CIP）数据**

300种常见园林树木识别图鉴／布凤琴，宋凤，臧德奎著．—北京：化学工业出版社，2014.9（2024.2重印）

ISBN 978-7-122-21657-1

Ⅰ．①3…　Ⅱ．①布…②宋…③臧…　Ⅲ．①园林树木-识别-图集　Ⅳ．①S68-64

中国版本图书馆CIP数据核字（2014）第196481号

责任编辑：尤彩霞　　装帧设计：关　飞　陈　虹　杜双件

责任校对：宋　夏

出版发行：化学工业出版社

（北京市东城区青年湖南街13号　邮政编码100011）

印　　装：北京缤索印刷有限公司

850mm×1168mm　1/32　印张10　字数280千字

2024年2月北京第1版第12次印刷

购书咨询：010-64518888

售后服务：010-64518899

网　　址：http://www.cip.com.cn

凡购买本书，如有缺损质量问题，本社销售中心负责调换。

定　　价：55.00元

# 前　言

随着现代社会人们经济、生活水平的提高，环境绿化日益受到人们的重视，大多数人日渐热衷于对身边园林植物的认知，以提高个人的自然文化素养，由自然植物科学的普及越来越受欢迎而可见一斑。在此自然科学和文化需求的背景下，作者结合多年的实践工作经验和图片积累，整理了《300种常见园林树木识别图鉴》一书，以期满足相关植物科学爱好者的渴求。

本书收录了我国常见以及应用虽少但表现良好的园林树木300种（种及个别表现优良的杂交种），加上变种、变形、品种共计566种，隶属于64科、145属。从园林应用的角度，按照习性分为常绿乔木、落叶乔木、常绿灌木、落叶灌木、常绿木质藤本、落叶木质藤本六类。每个树种主要包括种名、科属、中文名、学名、产地、识别特征、生态习性、园林应用，并与相近种进行辨析，其中生态习性采用直观性强的图例表达。本书图文并茂，每个树种精选了树形、叶、花、果、芽等各部分的图片，并从实际需求出发，注重休眠期即冬态的识别特征，增加了枝、干、冬芽、叶痕、枝髓等特征图片，便于读者可以在不同时期认知、鉴别。

本书是作者多年实践及教学工作经验的成果总结，是园林设计、园林施工、工程监理及园林行业其他相关人员、植物爱好者等的实用工具书，也可作为高等院校园林、风景园林、景观学、城市规划等相关专业学生的实习指导书。

在本书编写过程中，以下人员参与了部分工作：苏先春、哈新英、陈虹、徐晓蕾、贺燕、刘毓、逄丽艳收集整理，程正渭、徐艳芳、魏雪莲、陈淑替、王全波、郭继超、燕坤娇、孙晓丽、闫方仪树种图片拍摄，刘媛、陈虹、贺梅、陈国庆、赵升羽、颜欢图片整理，杜双件、郭兵、范萌嘉版式设计等。另外，承蒙郭成源老师提供部分照片，在此一并表示感谢。

由于作者水平有限，书中疏漏及不当之处在所难免，恳请批评指正。

作者

2014年8月

本书图例:

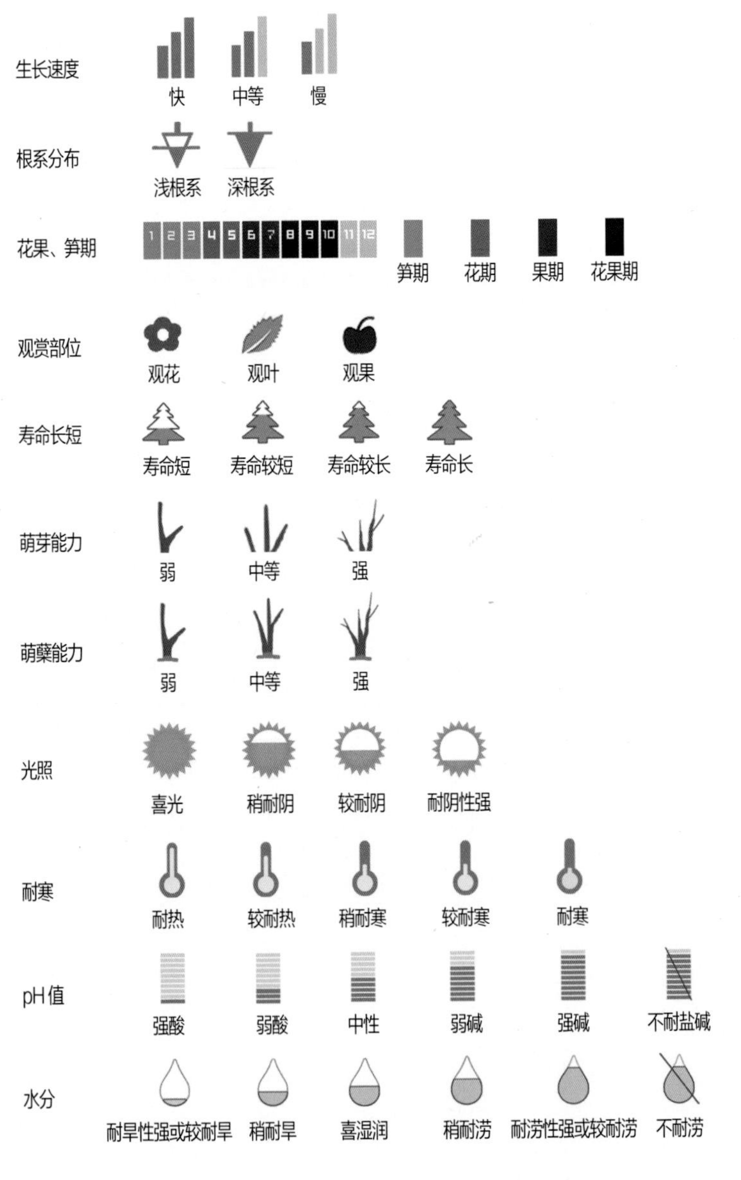


作者

2014年8月

# 目　录

## 常绿乔木



## 落叶乔木

## 常绿灌木



## 落叶灌木

## 1. 辽东冷杉（杉松，白松）

学名 *Abies holophylla* 科属 松科 冷杉属

产地与分布 主产我国东北三省，俄罗斯、朝鲜也有分布；现我国华北及其以北有栽培。

主要识别特征 高可达30m，树冠圆锥形。幼树干皮浅褐色，不裂，老树干灰褐色，条片状浅纵裂。一年生枝灰黄或灰褐色。树体具树脂。叶扁平线状条形，硬革质，有光泽，呈2列状；长2～4cm，宽约2mm，先端急尖或渐尖，无凹缺；叶背面具2条白色气孔线，结果枝叶表面中及上部常具2～5条不完整气孔线。雌雄同株。球果圆柱形，直立，长6～12cm；苞鳞短，不露出。

园林用途 树形挺立，叶色绿亮，适于丛植、列植、群植于风景名胜区、公园等，也可用于建筑物阴面、高架桥下等。

辨识

| 树种 | 树皮 | 叶 | 苞鳞、种鳞 |
|---|---|---|---|
| 辽东冷杉 | 幼树干皮浅褐色，不裂，老树干灰褐色，条片状浅纵裂 | 先端急尖或渐尖，无凹缺 | 苞鳞为种鳞的1/2 |
| 日本冷杉 | 树皮灰黑色或深灰色，鳞片状开裂，有剥落 | 先端具凹缺 | 苞鳞明显长于种鳞 |
| 臭冷杉 | 树皮幼时灰白色，平滑，老时暗灰色，具浅裂纹，常具树脂瘤 | 先端凹缺或2叉裂 | 苞鳞稍长于或等于种鳞 |

基本属性

干 株型

球果

叶

枝

## 2. 红皮云杉（虎尾松，红皮臭，高丽云杉）

学名 *Picea koraiensis* 科属 松科 云杉属

产地与分布 主要分布于中国东北；俄罗斯、朝鲜也有分布。

主要识别特征 高可达30m。树冠尖塔形。树皮灰褐或淡红褐色，裂缝红褐色，呈不规则长薄片状脱落。一年生枝淡黄褐或淡红褐色，小枝基部芽鳞微反卷；冬芽圆锥形。叶四棱状条形，长2～2cm，宽约5mm，先端急尖，四面具气孔线。球果长卵状圆柱或长圆柱形，长5～8cm，径5～5cm，成熟前绿色，成熟时绿黄褐或褐色。

园林用途 大枝横斜或平展，小枝先端下垂，姿态优美，常孤植、丛植、林植，是风景区及“四旁”绿化的优良树种。

基本属性

干

球果

枝

株型

枝叶

应用

## 3. 白杄（麦氏云杉，红杄，白儿松，毛枝云杉）

学名 *Picea meyeri*　　科属 松科 云杉属

产地与分布 我国特产树种，主产于河北、山西及内蒙古等地，是华北高海拔地区主要树种，北京、济南等地常见栽培。

主要识别特征 高可达30m，树冠窄圆锥形。树皮灰黑色。小枝褐色，被毛，钉状叶枕宿存。叶四棱状条形，长5～3cm，粗约2mm，先端钝，四面具白色气孔线，呈粉状青绿色；芽鳞宿存不翻卷或微翻卷。雌雄同株。球花单生枝顶，紫色，熟时黄褐色。

园林用途 树形端正，枝叶茂密。适于对植、列植、丛植或片植于建筑物阴面等光线不强的环境或水域岸边。华北常用的耐阴性绿化树种。

基本属性

叶

球果

枝叶

干

应用

## 4. 青杆（细叶云杉，魏氏云杉）

**学名** *Picea wilsonii*　　**科属** 松科　云杉属

**产地与分布** 我国特有树种，主要分布于内蒙古南部、河北西部、山西西部、陕西西南部、甘肃中南部以及四川西部。

**主要识别特征** 高可达50m。树冠圆锥形。树皮灰黄或暗灰色。一年生枝淡黄灰色，小枝基部宿存芽鳞紧贴；冬芽卵形，无树脂。叶扁平四棱状条形，细密，长8～8cm，宽1～2mm，先端尖，四面具气孔线，不明显。球果长卵状圆柱形，长5～8cm，径5～4cm，黄绿色，成熟时黄褐色。

**园林用途** 分枝点低，树形整齐，枝叶细密，叶色翠绿。可对植、列植、群植，适于多种环境，是优良的园林绿化树种。

**基本属性**

## 5. 绿粉云杉（蓝粉云杉）

学名　*Picea pungens* 'Glauca'　　科属　松科　云杉属

产地与分布　原产美洲西北部。我国引种栽培。

主要识别特征　高达30m。树冠圆锥形。小枝黄褐色；冬芽淡黄褐色。叶四棱，针状条形，长约3cm，蓝灰色，被白粉，粗壮而硬，先端尖锐，在枝上螺旋状排列。果球圆柱形，长约10cm，淡灰褐色。

园林用途　树形整齐优美，叶色蓝灰醒目。可孤植、丛植，用于山坡、草坪、广场等。

基本属性

叶

株型

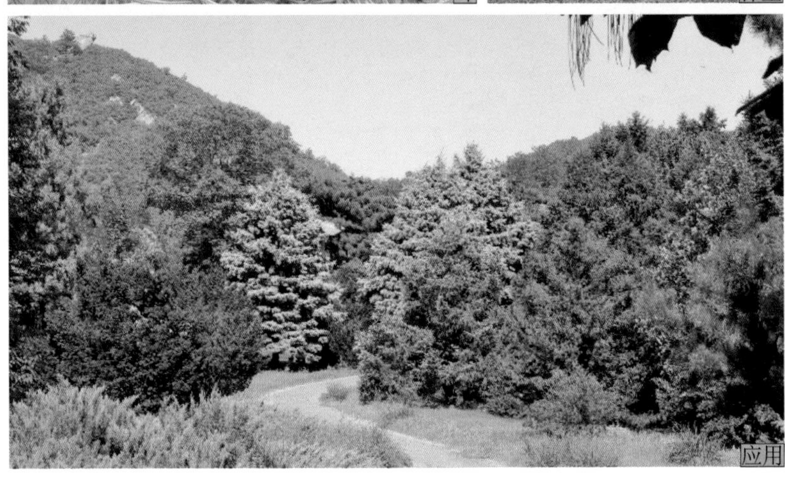
应用

## 6. 雪松

**学名** *Cedrus deodara* **科属** 松科 雪松属

**产地与分布** 原产喜马拉雅山西部及喀喇昆仑山高海拔1300～3300m之间地带。目前我国广泛栽培。

**主要识别特征** 高可达50m。树冠塔形。大枝平展，小枝常下垂；枝有长、短枝之分。叶针形，长枝上叶散生，短枝上叶簇生。雌雄同株。球果卵球形，长7～12cm，径5～9cm。球果翌年10月成熟。

**园林用途** 世界著名观赏树种，世界五大公园树之一（南洋杉、雪松、金钱松、日本金松、巨杉）。树体高大，姿态雄伟，挺拔苍翠，是良好的园林绿化树种。适于孤植、对植、列植、从植、成片种植等，宜配植纯林。

**主要品种或变种** ①垂枝雪松 'pendula'：大枝散展而下垂。②金叶雪松 'Aurea'：针叶春季金黄色，秋季黄绿色，冬季粉绿黄色。③银叶雪松 'Argentea'：叶较长，银白或银蓝色。

**基本属性**

## 7. 日本五针松（五针松，五钗松，日本五须松）

学名 *Pinus parviflora*　　科属 松科 松属

产地与分布 原产于日本，我国长江流域至黄河中下游常见栽培。

主要识别特征 原产地高可达30m。园林中常呈灌木或小乔木状。树冠圆锥形。树皮灰黑色，常不规则鳞片状剥落，脱落处成红褐色。一年生枝褐绿色，被淡黄色毛。叶五针一束，细软，蓝绿色，长3～6cm，先端钝，具白色气孔线。球果卵球形，长4～7cm，径3～5cm，成熟时褐色。球果翌年9～10月成熟。

园林用途 树姿灵秀，叶色浓绿，生长缓慢，园林中常为灌木状，是较为珍贵的绿化树种。可点植、对植及丛植，适用于小尺度园林空间，与景石相配，营造青松迎客及岁寒三友景观，也可制作盆景。

主要品种或变种 ①矮丛日本五针松‘Nana’：植株矮小，直立，枝稀而短，叶密短而细软。
②短针日本五针松‘Breviflioa’：树冠狭窄，枝稀而短，叶细密而短硬。
③银尖日本五针松‘Albo-terminata’：叶先端黄白色。

基本属性

1 2 3 4 5 6 7 8 9 10 11 12

球花

叶　干　枝

球果　球果

应用

## 8. 华山松

学名 *Pinus armandii* 科属 松科 松属

产地与分布 产于我国中部、西南及台湾地区。现我国广泛栽培。

主要识别特征 高达35m。树冠圆锥形。树皮幼时灰绿，老时深灰。小枝灰绿色，平滑；冬芽栗褐色。叶5针一束，较细软，长8～15cm。球果较大，圆锥状柱形，长10～20cm，径5～8cm。成熟时种鳞张开，种子脱落。球果翌年10月成熟。

园林用途 树体高大、挺拔，针叶苍翠，冠形优美，是优良的庭院绿化树种。可孤植、列植、丛植或群植，适用于园景树及风景林树种。

辨识

| 树种 | 树皮 | 小枝 | 针叶 | 树脂道个数 | 成熟种鳞、种子 |
|---|---|---|---|---|---|
| 华山松 | 幼时灰绿色，老时深灰色 | 灰绿色 | 细软 | 中生或边生树脂道3个 | 种鳞张开，种子脱落 |
| 红松 | 灰褐色 | 灰褐色，密生黄褐色毛 | 粗硬 | 中生树脂道3个 | 种鳞先端反卷，种子不脱落 |
| 日本五针松 | 灰黑色 | 绿褐色，密生淡黄色柔毛 | 细短，气孔线明显 | 边生树脂道2个 | 球果较小，种鳞薄，种子脱落 |

基本属性

叶 球果 枝 株型 干

## 9. 白皮松（虎皮松，蛇皮松，白骨松）

**学名** *Pinus bungeana*　　**科属** 松科　松属

**产地与分布** 我国特有树种。产于山西、陕西、河南、甘肃等省份。辽宁以南至长江流域广泛栽植。

**主要识别特征** 高达30m。树冠圆锥形。树皮斑驳状，幼树干皮灰绿，大树干灰白。小枝灰绿；冬芽红褐色。针叶粗硬，3针一束，长5～10cm，叶背有气孔线。雌雄同株异花。球果卵球形，宿存，鳞脐平，背生。球果翌年10～11月成熟。

**园林用途** 干皮灰白，斑驳活泼，树冠青翠亮丽，是珍贵的观赏树种。可孤植、列植、丛植或群植等，适用于各种绿地。

**基本属性**

1 2 3 4 5 6 7 8 9 10 11 12

球花　球果　株型　枝　叶　球花

干

应用

## 10. 油松（短叶马尾松，东北黑松）

学名 *Pinus tabuliformis* 科属 松科 松属

产地与分布 我国自然分布范围较广，主产华北、西北地区。朝鲜也有。

主要识别特征 高达30m。成年树冠常平顶，老年树冠多平伞形。树皮灰褐色。小枝褐黄色，冬芽红褐色。针叶，2针一束，针叶较长，长10～15cm，稍粗硬但不扎手。雌雄同株。球果卵球形；鳞盾肥厚，鳞脐背生，突起具刺尖，宿存，常数年不落。果翌年10月成熟。

园林用途 大树雄伟壮丽，虬枝盘曲，四季常青，寿命绵长，是具有悠久历史的园林绿化树种。常见于历史名园或者宏伟建筑旁，可孤植、列植、群植、片植，亦可与元宝枫、侧柏等营建混交林。

主要品种或变种 ①黑皮油松var. *mukdensis*：树皮深灰色，小枝深灰色或灰褐色。②扫帚油松var. *umbraculifera*：树冠扫帚形，主干上部的大枝向上斜伸。

辨识

| 树种 | 树皮 | 冬芽 | 针叶状态与质感 | 树脂道个数 | 鳞脐 |
|---|---|---|---|---|---|
| 油松 | 灰褐色 | 冬芽红褐色 | 针叶较长，虽粗硬但不扎手 | 边生树脂道5～8个 | 突起具刺尖 |
| 黑松 | 黑灰色 | 冬芽银白色 | 针叶粗硬光亮，叶端尖锐刺手 | 中生树脂道6～11个 | 微凹，具短刺尖 |

基本属性

## 11. 黑松（白芽松，日本黑松）

**学名** *Pinus thunbergii* **科属** 松科 松属

**产地与分布** 原产日本、朝鲜。我国华东、华北沿海引种栽培较多，生长良好。

**主要识别特征** 高可达30m。干皮灰黑色，呈不规则鳞块状裂。枝深灰或灰黄色；冬芽银白色。针叶，2针一束，粗硬光亮，叶端尖锐刺手。鳞脐背生，微凹，具短尖。球果翌年10月成熟。

**园林用途** 树体端庄，冬芽银白，针叶苍劲，郁郁葱葱，著名的海岸树种。可作防风、防潮、防沙及海滨防护林，也可列植、丛植用于风景林，还可用作盆景。

**主要品种或变种** ①花叶黑松 ‘Aurea’：叶基部黄色。②垂枝黑松 ‘Pendula’：小枝下垂。③琥珀黑松 ‘Trigrina’：针叶有不规则黄白斑。

**基本属性**

## 12. 樟子松（獐子松，蒙古赤松，海拉尔松）

学名 *Pinus sylvestris* var. *mongolica* 科属 松科 松属

产地与分布 主要分布于我国黑龙江大兴安岭及内蒙古海拉尔沙丘地区；俄罗斯、蒙古也有分布。

主要识别特征 高达30m。老年树干下部树皮灰褐或黑褐色，不规则鳞状深裂，上部树干及枝黄褐色，不规则鳞片状薄片脱落。一年生枝及冬芽淡黄褐色；冬芽卵形，有树脂。针叶，2针一束，黄绿色，粗硬，常扭转，长4～9cm；叶鞘基部宿存，黑褐色。球果长卵球形，下垂，长3～6cm，浅褐绿色。球果翌年9～10月成熟。

园林用途 树体高大，树干通直，东北防风固沙造林的优良树种。可用于庭院、道路及公园绿化，也可与山石相配。

基本属性

1 2 3 4 5 6 7 8 9 10 11 12

球花　干　叶、芽　球果　枝　应用　株型

## 13. 赤松（辽东赤松，日本赤松）

**学名** *Pinus densiflora* **科属** 松科 松属

**产地与分布** 主要分布于我国东北三省、山东至江苏东北部；朝鲜、日本也有分布。

**主要识别特征** 高达30m。树皮深黄红色，不规则鳞片状脱落。一年生枝淡橘黄或红黄色，微被白粉；冬芽红褐色，有树脂。针叶，2针一束，长8～12cm；叶鞘宿存。球果圆锥状卵球形，长3～5cm，淡黄褐色。球果翌年9月成熟。

**园林用途** 树干挺直，树冠如伞，树皮火红，亭亭玉立。可孤植、丛植、列植及林植，常用于庭院、建筑旁、广场、公园等绿化。

**主要品种或变种** 千头赤松 'Umbraculifera'：大灌木或小乔木，丛生状，树冠平顶伞形。

**辨识**

| 树种 | 树皮 | 冬芽 | 针叶状态与质感 | 树脂道个数 | 种鳞、种脐 |
|---|---|---|---|---|---|
| 马尾松 | 红褐至黑褐色 | 先端褐色 | 长而柔细，长可达20cm | 边生树脂道4～7或10个 | 种脐微凹，不具刺尖 |
| 赤松 | 橙红色 | 红褐色 | 细而软 | 边生树脂道4～6个 | 种鳞薄而平 |

**基本属性**

球花

球果

叶

干

应用

## 14. 北美短叶松（班克松）

学名 *Pinus banksiana*　　科属 松科 松属

产地与分布 原产于北美东北部，我国引种栽培。

主要识别特征 原产地高达25m，常呈小乔木状。树皮暗褐色，不规则鳞片状脱落。小枝淡紫褐或棕褐色，柔韧；冬芽褐色。叶2针一束，粗短扭曲，长2～4cm，中生树脂道2个。无梗球果狭椭球形，基部歪斜，长3～5cm，宿存；种鳞薄，鳞脐微凹或平，无刺。球果翌年9～10月成熟。

园林用途 可孤植、丛植、片林，用于园林景观或荒山造林。

基本属性

1 2 3 4 5 6 7 8 9 10 11 12

## 15. 杉木（沙木，刺杉）

学名 *Cunninghamia lanceolata* 科属 杉科 杉木属

产地与分布 分布于我国秦岭南坡以南至两广地区；越南也有分布。

主要识别特征 高可达30m。幼时树冠尖塔形，成年树冠圆锥形。树皮灰褐色，不规则长条状剥落。冬芽近圆球形。叶条状披针至披针形，主枝之叶辐射散生，侧枝之叶基部扭转成2列状，长3～6cm，革质、坚硬，缘有细齿，表面深绿，有光泽；叶背淡绿，中脉两侧各有一条白粉气孔带。球果卵圆球形，长5～5cm，径3～4cm，棕黄色，宿存。

园林用途 树冠尖塔，叶浓绿光亮。球果宿存如同满树开花。常丛植或林植于风景区。

基本属性

叶背 球花 球果 叶 株型 应用

## 16. 柳杉（长叶柳杉）

**学名** *Cryptomeria japonica* var. *sinensis* **科属** 杉科 柳杉属

**产地与分布** 我国特有树种，主要分布在浙江、安徽、福建及江西。

**主要识别特征** 高可达40m。树冠圆锥形。树皮红棕色，纵向长条状脱落。叶螺旋状着生，钻形，长1～5cm，先端略向内弯曲，四面具气孔线。雌雄同株。球果圆球或扁球形，径1.2～2cm；苞鳞先端短渐尖，长3～5mm；种鳞约20枚，裂齿较短，宽三角形，每种鳞具2种子。

**园林用途** 树姿优美，树干通直，是优良的绿化树种。常列植、群植，适用于大型建筑旁、公园、风景区等。

**辨识**

| 树种 | 叶 | 球果 |
|---|---|---|
| 柳杉 | 稍内弯 | 苞鳞先端短渐尖；种鳞约20枚，裂齿较短，宽三角形，每种鳞具2种子 |
| 日本柳杉 | 直伸 | 苞鳞先端长渐尖；种鳞20～30枚，裂齿较长，狭三角形，每种鳞具3～5种子 |

**基本属性**

1 2 3 4 5 6 7 8 9 10 11 12

球果

枝叶

株型

应用

## 17. 侧柏（扁松，黄柏，香柏）

**学名** *Platycladus orientalis* **科属** 柏科 侧柏属

**产地与分布** 产于我国华北、东北及朝鲜。现全国普遍栽培。

**主要识别特征** 高可达25m。幼年树冠尖塔形，老树广圆形。干皮淡灰褐色，条片状纵裂及剥离。小枝扁平，排成平面。叶全为鳞形叶，叶揉碎有香气。雌雄同株。球果卵球形，径2～5cm；种鳞木质而厚，成熟种鳞开裂。

**园林用途** 树枝干苍劲，气魄雄伟。可列植、林植、片植，也可用作绿篱，适用于寺庙、墓地、纪念堂馆及石灰岩山地营造风景林。可与油松、黄栌、臭椿等构成混交林，也可用于盆景制作。

**主要品种或变种**

①千头柏‘Sieboldii’：灌木，无主干，树冠紧密，近球形，小枝片明显直立。

②塔柏‘Beverleyensis’：小乔木，树冠塔形，新叶金黄色，生长期黄绿色。

③黄金球柏‘Semperaurescens’：矮型灌木，树冠球形，叶全年为金黄色。

**辨识**

| 树种 | 叶形 | 小枝 | 种鳞 | 球果成熟 |
|---|---|---|---|---|
| 侧柏 | 鳞形，先端钝 | 扁平，排成一个平面 | 木质扁平，鳞背肥厚 | 当年成熟 |
| 柏木 | 鳞形，先端尖 | 扁平，四棱形或圆柱形，不排成平面，下垂 | 盾形、木质，成熟时张开 | 当年或次年成熟 |
| 桧柏 | 鳞形及刺形 | 四棱形或圆柱形，不排成平面 | 肉质合生，不开张 | 呈浆果状，翌年秋季成熟 |

**基本属性**

叶 球果 干 黄金球柏 应用 株型

## 18. 美国香柏（美国侧柏，北美香柏，美国金钟柏）

**学名** *Thuja occidentalis* **科属** 柏科 崖柏属

**产地与分布** 原产北美。我国青岛、庐山、南京、上海、浙江南部和杭州、武汉等地有栽培。

**主要识别特征** 原产地可高达20m。树冠塔形至圆锥形。树皮红褐或灰褐色，纵裂成条块状脱落。枝条淡黄褐色，开展，小枝扁平基本排列成平面。叶鳞形，先端尖，小枝上面叶绿色，下面叶灰绿或淡黄绿色，中间鳞叶隆起，先端下方具透明腺点，揉碎有香气，两侧鳞叶内弯。球果长椭球形，淡黄褐色，长8～13mm，径6～10mm。

**园林用途** 树冠尖塔，树形整齐，鳞片扁平美观，是优良的园林绿化树种。品种繁多，可用于草坪、庭院、建筑周围等各种园林环境。

**基本属性**

1 2 3 4 5 6 7 8 9 10 11 12

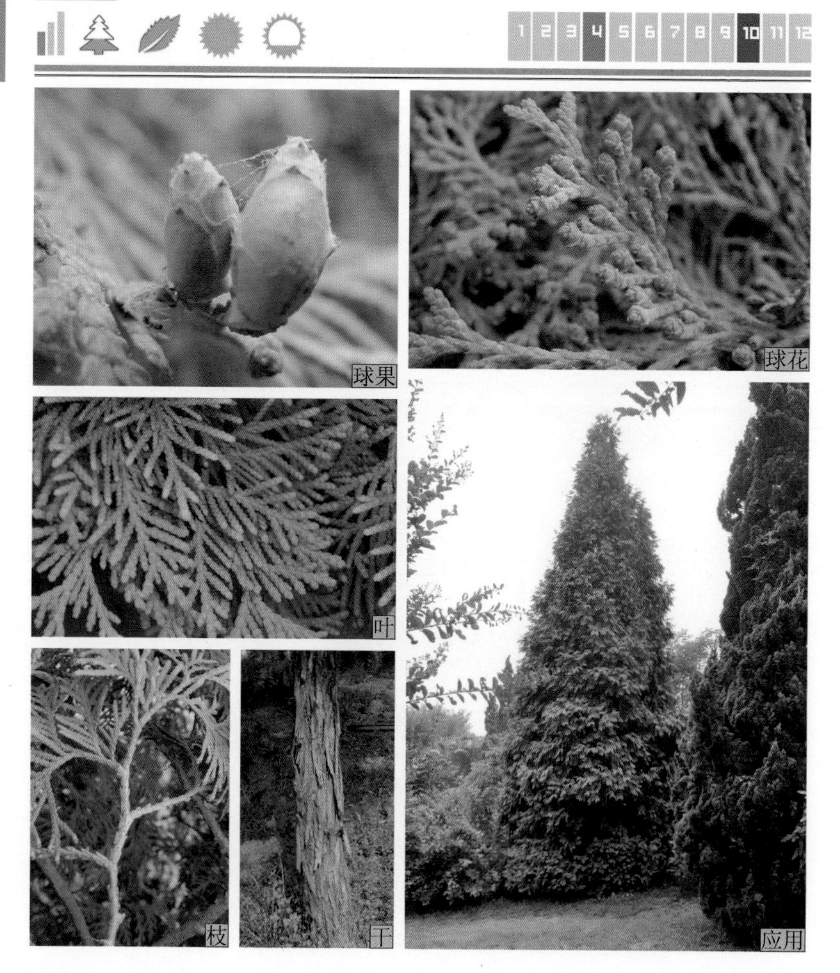

球果 球花 叶 枝 干 应用

## 19. 日本扁柏（钝叶花柏，扁柏）

**学名** *Chamaecyparis obtusa*　　**科属** 柏科　扁柏属

**产地与分布** 原产日本。我国广州、青岛、南京、上海、庐山、河南、杭州等地有栽培。

**主要识别特征** 原产地可高达40m。树冠尖塔形。树皮红褐色，纵向长条片状脱落。着生鳞叶的小枝扁平，排成平面。鳞叶厚，先端钝，中间鳞叶绿色，较两侧鳞叶小，无腺点，小枝下面之叶微被白粉。球果近球形，径8～10mm，红褐色；种鳞4对，顶端五角形。

**园林用途** 树姿优美，婷婷玉立。常丛植、孤植或列植，适用于草坪、水岸、路旁，也可用于林下及建筑阴面。

**主要品种或变种** ①矮扁柏 'Nana'：植株低矮，高约60cm，枝叶密集。②金叶扁柏 'Aurea'：叶金黄色。③凤尾柏 'Filicoides'：灌木，小枝较短，枝叶密集，鳞片扁平似凤尾。④云片柏 'Breviramea'：小乔木，小枝鳞叶钝圆，鳞片排列整齐，平展如云。⑤孔雀柏 'Tetragona'：灌木，小枝近四棱，排成2列或3列。

**基本属性**

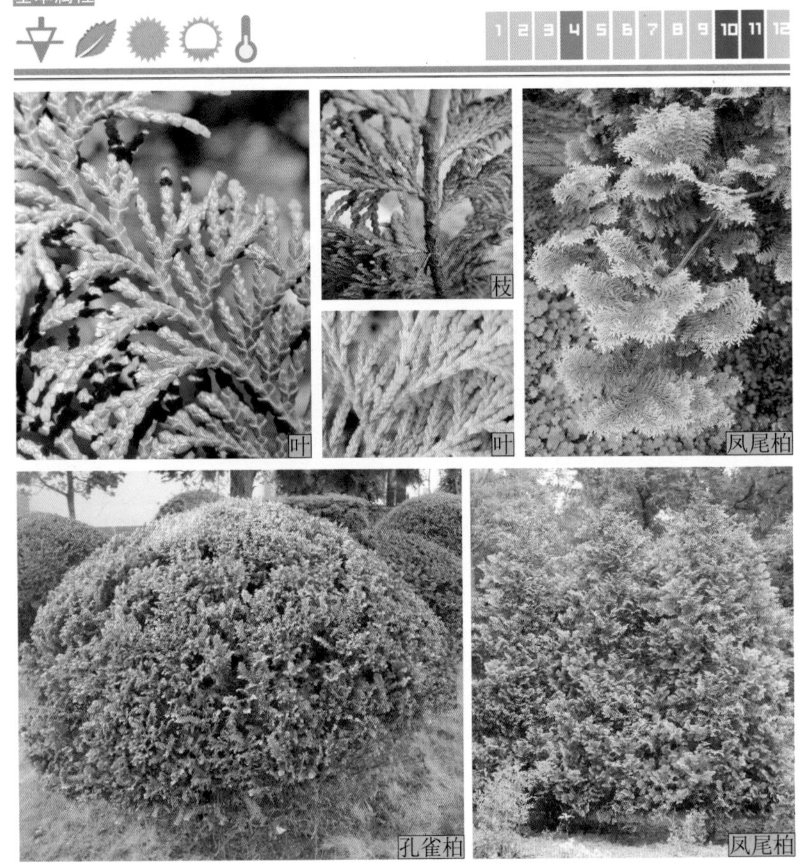

## 20. 日本花柏（花柏）

学名 *Chamaecyparis pisifera* 科属 柏科 扁柏属

产地与分布 原产日本。我国东部、中部至西南引种栽培。

主要识别特征 在原产地高可达50m。树冠尖塔形。树皮红褐色，细条纵列，狭条片脱落。大枝平展，先端略下垂；小枝淡黄褐色，生鳞叶的小枝扁平，排成平面。鳞叶先端锐尖，侧面鳞叶较中间鳞叶稍长，先端略开展，叶面深绿色，叶背白粉明显。球果圆球形，径约6mm，暗褐色；种鳞顶端中央稍凹，有尖头。

园林用途 冠形尖塔，枝端下垂。常丛植、列植或林植，适用于草坪、水岸、路旁等绿化，也可用于风景区绿化。

主要品种或变种 ①线柏 'Filifera'：灌木或小乔木。小枝细长下垂，鳞叶先端锐尖。②金线柏 'Filifera-Aurea'：灌木或小乔木。小枝细长下垂，鳞叶先端锐尖，金黄色。③绒柏 'Squarrosa'：灌木或小乔木，叶条状刺形，柔软，长6～8mm，先端尖，小枝下面叶两侧有白粉带。④羽叶花柏 'Plumosa'：灌木或小乔木。鳞叶钻形柔软，开展呈羽毛状，长3～4mm。

基本属性

## 21. 桧柏（圆柏，桧）

**学名** *Sabina chinensis* **科属** 柏科 圆柏属

**产地与分布** 中国原产，北自内蒙古、沈阳南部，南至两广，东至沿海，西到四川、云南均有分布。华北地区栽培普遍。

**主要识别特征** 高可达20m。树冠卵球形。叶二型，鳞形和刺形，3枚轮生或交互对生，刺叶短披针形，叶表微凹，有2白粉带，基部有关节并向下延伸，鳞叶先端钝尖，背面中部具椭圆微凹之腺体。雌雄异株。球果肉质，近球形，有白粉，不开裂，2年成熟。果翌年10～11月成熟。

**园林用途** 树冠枝叶浓密，干形端直，形态多变。用于行道树（多甬道）可示庄严肃穆，用于庭院可示高大雄伟，作为主景树的背景树最为适宜。也常用于树桩盆景和绿篱。避免与蔷薇科的苹果、海棠、梨等混植或邻近栽植。

**主要品种或变种** ①龙柏 'Kaizuca'：树体呈圆柱形树冠，小枝密集，扭转向上伸出。全为鳞叶。②金龙柏 'Kaizuca Aurea'：小枝叶先端金黄色，其余同龙柏。③鹿角桧 'Pfitzeriana'：丛生灌木，大枝自地面向上斜展，小枝端下垂。叶为全鳞叶，灰绿色。④塔柏 'Pyramidalis'：树冠圆柱状塔形，枝密集，叶基本全为刺形叶。⑤偃柏 var. *sargentii*：匍匐灌木。大枝铺地生长，小枝密集上升生长，蓝绿色，幼树为刺叶，交互对生；老树多为鳞叶。⑥金叶桧 'Aurea'：直立灌木，鳞叶初为深金黄色，后渐变为绿色。⑦金球桧 'Aureoglobosa'：树形与球桧相同，但幼枝绿叶中有金黄色枝叶。⑧球柏 'Globosa'：矮型丛生圆球形灌木，枝密生，叶鳞形，间有刺叶。

**辨识**

| 树种 | 树冠 | 鳞叶 | 刺叶 | 果 |
|---|---|---|---|---|
| 圆柏（桧柏） | 稠密 | 叶背中部具腺体 | 3枚轮生或交互对生 | 2年成熟 |
| 北美圆柏（铅笔柏） | 稀疏 | 叶背下部具腺体 | 交互对生，不等长 | 当年成熟 |

**基本属性**

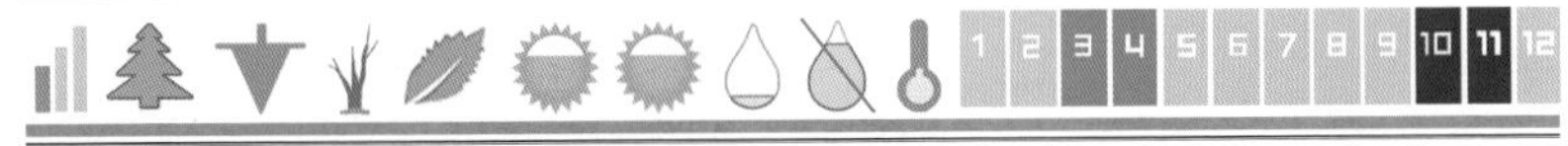

叶

株型

花

干

塔柏

金龙柏

鹿角桧

龙柏

## 22. 粗榧（中国粗榧，粗榧杉）

学名 *Cephalotaxus sinensis*　　科属 三尖杉科 三尖杉属（粗榧属）

产地与分布 分布于我国长江以南各省区及河南南部、陕西南部和甘肃南部。

主要识别特征 高可达10m，常灌木状。叶螺旋状着生，基部扭转，排成二列，线状条形，平直，长2～5cm，宽约3mm，基部近圆形，先端急尖或渐尖具短尖头。雄球花6～7聚生成头状；雌球花交互对生。种子卵圆至近圆形，红色，长8～5cm。种子翌年10月成熟。

园林用途 树形坚挺，枝叶整齐，"果"红叶绿，常表现为灌木状。可丛植、点植，常用于草坪、林缘，也可与山石相配。

基本属性

叶

叶

球果

花

干

株型

## 23. 蚊母树（中华蚊母）

**学名** *Distylium racemosum* **科属** 金缕梅科 蚊母树属

**产地与分布** 热带及亚热带树种，主要分布于我国东南沿海各省及日本。山东引种栽培表现良好。

**主要识别特征** 高达16m，多呈丛生灌木状。树皮灰黑色。裸芽及小枝被垢状鳞毛，小枝黑褐色，微呈折曲状。单叶互生，倒卵状长椭圆形，长3～7cm，革质。花单性，雌雄花同株；腋生短总状花序，小花无花瓣，花药红色。蒴果密被星状毛，具2宿存花柱。

**园林用途** 枝叶茂密，叶色浓绿，花小而红，优良四旁绿化树种，厂矿绿化环保树种。可丛植、孤植、对植，也可作背景树。济南可露地越冬，小气候条件生长较好。

**主要品种或变种** 彩叶蚊母树 'Variegatum'：叶片较宽，具黄白斑块。

**基本属性**

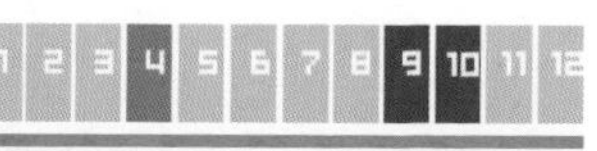

叶 果 花 干 株型

## 24. 广玉兰（荷花玉兰，洋玉兰）

**学名** *Magnolia grandiflora*　　**科属** 木兰科　木兰属

**产地与分布** 原产美国东南部及南部。我国长江流域以南多有引栽，华北需用于小气候。

**主要识别特征** 高可达30m。干皮灰褐色，薄鳞片状开裂。小枝、冬芽密被锈褐色毛。叶大型厚革质全缘，叶表绿光亮，叶背锈褐色，幼树叶背青绿无毛。花大而纯白，形似荷花，花瓣6，质厚，芳香。聚合蓇葖果短圆柱状卵形或陀螺形。

**园林用途** 树体高大，叶绿亮，花大洁白芳香，优良园林绿化树种。可列植、孤植、丛植等，作为行道树种、独赏树、庭荫树，适用于道路、广场、庭院，草坪等。

**基本属性**

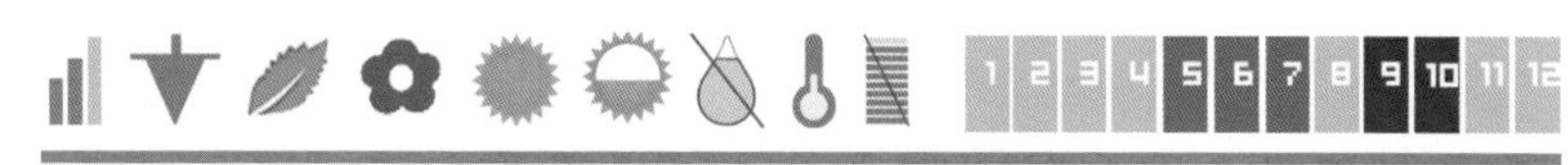

## 25. 石楠（千年红，扇骨木）

学名 *Photinia serratifolia* 科属 蔷薇科 石楠属

产地与分布 主产于长江及秦岭以南地区；日本、印度也有分布。

主要识别特征 灌木或小乔木，高4～6m。树冠圆球形。干皮块状剥落。幼枝绿或红褐色。单叶互生，厚革质，长椭圆形，长9～22cm，两面光滑，仅幼叶背面中脉微具毛，缘具细锯齿。复伞房花序，花白色，径6～8mm。梨果，红色，萼片宿存。

园林用途 树冠圆整，枝密叶浓，叶亮绿。初春嫩叶紫红，白花点点，秋日红果累累，观赏性强。可孤植、丛植、列植、对植于公园、庭院、路边、坡地及建筑物入口两侧。

基本属性

1 2 3 4 5 6 7 8 9 10 11 12

果 芽 枝 花 应用 叶

## 26. 大叶女贞（桢木，蜡树，将军树）

学名 *Ligustrum lucidum*　　科属 木樨科 女贞属

产地与分布 中国原产。现华北、华东、华南各地均广泛栽培。

主要识别特征 小乔木。树皮灰白色，平滑不裂。各部光滑无毛。单叶对生，叶革质，卵形，长6～12cm，全缘叶，叶背有细小圆形腺点，侧脉边缘明显。顶生圆锥花序，花密集，白色，芳香，花冠裂片4，略长于冠筒，冠筒与花萼、雄蕊近等长。浆果状核果肾形，熟时蓝黑色，被白粉。

园林用途 树形优美，叶片光绿，花白芬芳，对二氧化硫、氯化氢等有一定抗性，是公园、街道、厂矿企业优选绿化树种。

基本属性

1 2 3 4 5 6 7 8 9 10 11 12

## 27. 桂花（木樨）

学名 *Osmanthus fragrans* 科属 木犀科 木樨属

产地与分布 产于长江流域至西南地区。黄河流域小气候栽植，露地越冬。

主要识别特征 高达8m。树冠圆至椭圆形。树皮灰色，粗糙。一年生枝灰黄色。对生叶革质，椭圆至椭圆状披针形，长4～12cm，先端渐尖或急尖，全缘或锯齿。3～5花簇生叶腋或成聚伞花序，花径6～8cm；花冠4裂近达基部，白、浅黄、黄或橙红色，浓香，筒短。浆果状核果椭球形，长1～5cm，黑色。果翌年4～5月成熟。

园林用途 秋季开花，芳香四溢，是中国传统名花。点植、丛植、对植或片林（植），用于庭院、角隅，草坪、水岸或入口两侧，可构建春富贵景观，也可建专类园或制作盆景。

主要品种或变种 桂花品种繁多，可分为四季桂类和秋桂类。四季桂类植株较低矮，常丛生，以春季4～5月和秋季9～11月为盛花期，如‘日香桂’等。秋桂类植株较高大，花期集中于秋季8～11月间，可分为银桂、金桂和丹桂3个品种群。银桂品种群花色浅，白色至浅黄色，如‘晚银桂’；金桂品种群花黄色至浅橙黄色，如‘潢川金桂’；丹桂品种群花橙黄色、橙色至红橙色，如‘朱砂丹桂’。

## 28. 珊瑚树（法国冬青）

**学名** *Viburnum odoratissimum* **科属** 忍冬科 荚蒾属

**产地与分布** 分布于我国浙江以南至台湾；朝鲜、日本也有分布。

**主要识别特征** 高达10m。树皮灰黑色。一年枝灰或灰褐色，圆形突起皮孔明显。单叶对生，倒卵状长椭圆形，长7～16cm，先端钝尖，基部宽楔形，边缘波状或具粗钝锯齿，稀全缘；表面光亮，背面常散生红色腺点。圆锥花序顶生或生于短枝；钟形小花白色，冠筒长2mm，芳香。果核倒卵或倒卵状椭圆形，长约7mm，红或橘红色。

**园林用途** 叶绿果红，树形陡立，是优良的绿化树种。可丛植、列植或林植，用作绿篱及风景树，也作配电箱及工厂隔离防火树种。

**基本属性**

叶 花 应用 干 株型 果

## 29. 棕榈（棕树，山棕）

**学名** *Trachycarpus fortunei*　　**科属** 棕榈科　棕榈属

**产地与分布** 分布于我国长江流域以南各省区；日本也有分布。

**主要识别特征** 高达15m。干直立圆柱形，稀或无分枝。叶簇生顶端，圆形，长60～70cm，掌状深裂达叶中下部，长条形裂片，先端常2浅裂，革质；叶鞘网状纤维质，棕褐色，叶柄基部及叶鞘残存于茎干；柄长40～100cm。雌雄异株。肉穗花序组成圆锥花序，下垂；小花黄色。核果肾状球形，径约1cm，蓝黑色，被白粉。

**园林用途** 株型美，叶如伞。可点植、丛植、列植于庭院、草坪、山坡、路边或河岸等。

**基本属性**

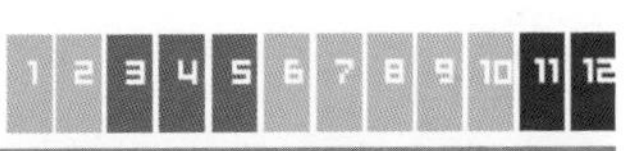

叶

果

应用

叶柄

干

## 30. 淡竹（金竹花，平竹，甘竹）

学名 *Phyllostachys glauca* 科属 禾本科 刚竹属

产地与分布 黄河流域中下游各省常见。河北太行山区、山西中部山区、山东沿海及中南部均较广泛栽培。

主要识别特征 乔木状竹种，高可达15m。新秆蓝绿色，密被白粉，但无毛，秆分枝之下至基部的节间不等长，秆稍微弯。箨鞘背面紫褐至紫绿色；无箨耳及遂毛；箨舌暗紫褐色，高2～3mm。秆环与箨环均微隆起而同高，箨环之下有一圈白粉。每节具一粗一细二分枝，小枝有叶4～5片，稀少2～3片，叶长5～18cm，宽7～5cm。

园林用途 秆形端直，秆色翠绿，枝叶潇洒，清雅宜人，四季碧绿，是风景园林、宅旁屋后的重要绿化树种。

基本属性

## 31. 早园竹（沙竹）

学名 *Phyllostachys propinqua.* 科属 禾本科 刚竹属

产地与分布 主要分布于我国华东。现华北南部至长江流域常见栽培。

主要识别特征 散生竹，常成灌木状。秆高4～8m，径3～5cm。新秆绿色，被白粉；秆环、箨环均隆起。箨鞘淡红褐色或黄褐色，有时带绿色，有紫斑，无毛，被白粉，上部边缘常枯焦；箨舌弧形，淡褐色。

园林用途 秆形端直，冬夏常青，优良绿化树种，可片植成林或作树篱。

基本属性

## 32. 银杏（公孙树白果）

学名 *Ginkgo biloba.* 科属 银杏科 银杏属

产地与分布 中国特有。国内北自沈阳，南至广州，东到沿海，西达西藏边缘均有栽培。

主要识别特征 高达40m。树冠宽卵形。树皮灰褐，幼时光滑，成年纵裂，老则雄株纵裂，雌株纵形块状裂。枝有长、短枝之分，一年生枝淡褐黄或带灰色；二年生枝深灰，枝皮不规则纹裂；顶芽宽卵形，棕色。长枝上叶互生，短枝上簇生；叶片扇形，具长柄，叶脉细密，呈平行二叉状直达叶缘，叶缘浅波状，居中有深裂口。雌雄异株。花均细小而呈黄绿色。种子外种皮肉质，杏黄色，略被白粉；中种皮（种核）骨质、白色；内种皮膜质、红色。

园林用途 国家二级保护植物。树冠高大挺直，树姿雄伟苍劲，叶片奇特，寿命长。可孤植、丛植、列植、片植或林植等，可用做独赏树、庭荫树、行道树等，适用于庭院、寺庙、河岸、池畔、沙滩、堤坡等多种环境。因外种皮恶臭，园林应用宜选雄株。

主要品种或变种 ①塔形银杏 'Fastigiata'：大枝的展开角度较小，树冠呈尖塔状。②金叶银杏 'Aurea'：叶黄色。③垂枝银杏 'Pendula'：枝条下垂。④斑银杏叶 'Variegata'：叶片绿色，有黄色斑。

辨识

| 树种 | 雄株 | 雌株 |
|---|---|---|
| 主枝 | 主枝与主干夹角小，树冠瘦削 | 主枝与主干夹角大，树冠开阔 |
| 叶裂 | 叶裂较深，常超过1/2 | 叶裂较浅，不到1/2 |
| 秋叶 | 秋叶变色晚，落叶迟 | 秋叶变色早，落叶早 |
| 球花 | 着生雄花的短枝较长 | 着生雌花的短枝较短 |

基本属性

## 33. 水杉

学名 *Metasequoia glyptostroboides* 科属 杉科 水杉属

产地与分布 中国特产，活化石树种、第四纪冰川孑遗树种，国家一级保护植物。天然分布四川石柱、湖北利川及湖南龙山、桑植等地。现国内广植。

主要识别特征 高可达35m。树冠尖塔形。树干端直，干基部通常膨大，树皮灰褐，呈条状剥落，内皮红褐色。枝叶对生，一年枝淡褐，二年枝深褐，表皮翘裂；冬芽纺锤形。小叶扁平，镰刀状条形，全缘，薄软，长0.8 ~ 3.5 cm，羽状排列，冬季与无芽小枝脱落。雌雄同株异花。球果近球形，梗长2 ~ 4cm，种鳞木质、盾形。

园林用途 树干通直，树姿优美，叶片秀丽，秋叶棕红，著名风景树。最适列植于水岸或路边，也可丛植、林植或片植于低洼湿润但不积水地带。

辨识

| 树种 | 干基部 | 小枝 | 叶 |
|---|---|---|---|
| 水杉 | 常膨大 | 小枝和叶片均近对生 | 扁平镰刀状条形，于侧生小枝上排成2列，基本在同一平面 |
| 落羽杉 | 常膨大，有屈膝状呼吸根 | 小枝和叶片均近互生 | 条形，于侧生小枝上排成近2列，不在同一平面 |
| 池杉 | 不膨大 | 小枝和叶片均近互生 | 钻形、条状钻形，螺旋状着生于侧生小枝上 |

基本属性

## 34. 金钱松

学名 *Pseudolarix amabilis* 科属 松科 金钱松属

产地与分布 主要分布于我国长江中下游地区。华北南部以南常见栽培。

主要识别特征 高达50m。树冠圆锥形。树皮深褐色，鳞片状深裂。具长枝及距状短枝，一年枝红褐色；顶芽卵形，红褐色。叶条形，宽2～4mm，长枝上螺旋状排列，短枝上15～30枚簇生而辐射平展。雄球花簇生及雌球花单生于枝顶。球果直立，种鳞伸展，木质，脱落。

园林用途 秋叶金黄，形如铜钱，是世界五大公园树之一。可孤植、丛植、列植或林植，用于草坪、水岸、山脚、道路及绿化。

基本属性

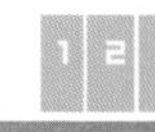

枝

果

干

叶

株型

应用

落叶乔木

## 35. 白玉兰（玉兰，望春，应春花）

学名 *Magnolia denudate*　　科属 木兰科 木兰属

产地与分布 我国特有种，主产我国中部，现在广泛栽培。

主要识别特征 高可达20m。树冠卵圆形。干皮灰白至深灰色，幼时平滑，老时粗糙开裂。一年枝紫褐或黄褐色，皮孔明显；二年生枝暗深紫褐色；具环状托叶痕；冬芽、幼枝密被淡灰绿色长毛。叶倒卵状椭圆形，先端突尖。花芽长卵形，长2～3.2cm；花被片9，纯白，芳香。聚合蓇葖果，红色。

园林用途 早春先花后叶，花大、洁白、芳香，我国著名传统花木，是亭台楼阁、名寺古庙、住宅庭院、公园等环境常用树种。可孤植、对植、片植或建成专类园等，常丛植于常绿树背景林前，或者建筑物前。中国传统宅院植物配置中‘玉堂春富贵’，其中‘玉’即指玉兰。

主要品种或变种 ①紫花玉兰 var. *purpurascens*：花被片9枚，背面紫色，正面白紫色；先叶开放。

②飞黄玉兰 ‘Feihuang’：花被片9枚，淡黄色或黄绿色，花期较白玉兰晚。

③红脉玉兰 ‘Red Never’：花被片9枚，白色，基部背面淡红色，脉纹色较浓。

④多瓣玉兰 ‘Plena’：花被片12枚，白色；先叶开放。

基本属性

1 2 3 4 5 6 7 8 9 10 11 12

## 36. 望春玉兰（法氏木兰，望春花，迎春树，辛兰）

**学名** *Magnolia biondii*　　**科属** 木兰科　木兰属

**产地与分布** 产于陕西、甘肃、河南、湖北、四川等省，现广泛栽培。

**主要识别特征** 高可达12m。树冠卵圆形。树皮灰色，光滑。一年生枝灰绿色，二年生枝棕褐色，皮孔明显；冬芽被柔毛。叶互生，长圆状披针或卵状披针形，长10～18cm，宽3～6cm，先端急或短渐尖，基部楔或近圆形，正面暗绿，背面浅绿。花先叶开放，直径6～8cm，花瓣6，白色匙形，背面基部带紫红色，内轮较窄小，芳香；萼片3，近线形，约1/5花瓣长。聚合蓇葖果圆柱形，具凸起瘤点，因部分不育常扭曲，长8～14cm。

**园林用途** 树形优美，植株健壮，花色素雅，气味芳香，早春先叶开放，美丽壮观，夏季叶大荫浓，秋果红艳夺目，是我国传统花木，也是木兰科其他树种的优良砧木。

**辨识**

| 树种 | 叶 | 花被 | 花被色 | 花期 |
|---|---|---|---|---|
| 白玉兰 | 宽倒卵或倒卵状椭圆形，先端突尖 | 花被片9枚，无花瓣、花萼区分 | 白色 | 先叶开放 |
| 紫玉兰 | 椭圆或倒卵状长椭圆形 | 花瓣6枚；花萼3，约为花瓣1/3长 | 花瓣背面紫色，正面白色 | 花叶同放，常有2次开花 |
| 二乔玉兰 | 倒卵或倒卵状长椭圆形，先端短急尖 | 花瓣6枚；萼片3，1/2花瓣长或等长 | 花瓣背面多淡紫色，基部色深；正面白色 | 先叶开放 |
| 望春玉兰 | 长椭圆状披针或卵状披针形 | 花瓣6；萼片3，狭小，约1/5花瓣长 | 白色，基部带紫色 | 先叶开放 |

**基本属性**

## 37. 二乔玉兰

学名　*Magnolia × soulangeana*　　科属　木兰科　木兰属

产地与分布　白玉兰与紫玉兰杂交种，我国广泛栽培。

主要识别特征　性状介于两亲本之间。高达8m。叶片倒卵形，先端短渐尖。香花钟形，径约10cm，长倒卵形花瓣6，上部白色，基部淡紫红至紫红色；花瓣状花萼3，长约为花瓣的1/2至近等长。聚合蓇葖果圆柱形。

园林用途　同白玉兰。

基本属性

## 38. 天女木兰（天女花，玉兰香，玉莲，小花木兰）

学名 *Magnolia siebololii*　　科属 木兰科 木兰属

产地与分布 分布于我国辽宁、安徽及江西等地；日本也有分布。

主要识别特征 高可达10m。枝细长，无毛；小枝及芽被绒毛。叶倒卵至倒卵状椭圆形，长6～15cm，顶端短突尖，基部圆或阔楔形，全缘，背面具白粉及短绒毛。先叶后花；花单生，近枝端与叶对生，杯形，径7～10cm；花梗长4～6cm；花被片9，外轮3枚淡粉色长椭圆形，其它6枚白色倒卵形；花药和花丝紫红色，顶端钝。聚合果狭椭圆形，长5～7cm，顶端尖。

园林用途 花开夏季，花白叶翠，花柄细长，花丝红艳，随风摇曳，如同天女散花，是我国传统优良花木。可孤植、丛植、片植，用于庭院、路旁及水岸绿化。

基本属性

1 2 3 4 5 6 7 8 9 10 11 12

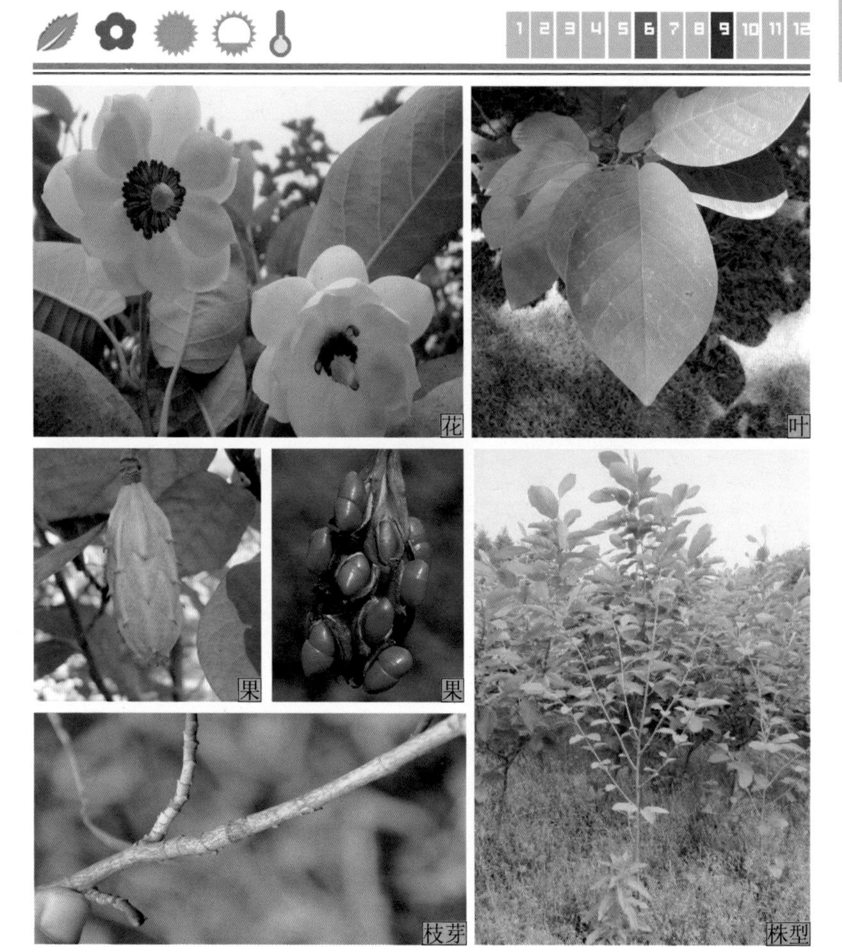

## 39. 厚朴（香皮，赤朴，淡伯，厚皮，重皮，烈朴，川朴，紫油厚朴）

学名 *Magnolia officinalis* 科属 木兰科 木兰属

产地与分布 中国特有种，广布于陕西、甘肃、浙江、安徽、江西、福建、湖北、湖南、四川、贵州等地区。

主要识别特征 高达15m。树皮紫褐色。新枝被绢状毛，次年脱落后光滑且呈黄灰色；二年生枝深灰褐色；圆形皮孔明显；顶芽圆柱形，紫色。叶大，近革质，常聚生枝端，长圆状倒卵形，长22～45cm，宽10～24cm，先端具短急尖或圆钝，基部楔形，全缘微波状，叶背被毛及白粉；叶柄粗壮。花白芳香，径10～15cm；花被片9～12(17)，倒卵状匙形。聚合果长圆状卵形，长9～15cm，具喙。

园林用途 树冠如伞，叶大荫浓，花大美丽，可用作庭园观赏树及行道树。

辨识

| 树种 | 树皮 | 叶 | 果 |
|---|---|---|---|
| 厚朴 | 厚，紫褐色 | 先端具短急尖或圆钝 | 聚合果长圆状卵形 |
| 凹叶厚朴 | 稍薄，淡褐色 | 先端凹缺成2个钝圆的浅裂片 | 聚合果基部较窄 |

主要品种或变种 凹叶厚朴var. *biloba*：叶先端凹缺，成2钝圆的浅裂片。

基本属性

1 2 3 4 5 6 7 8 9 10 11 12

## 40. 鹅掌楸（马褂木）

学名 *Liriodendron chinense* 科属 木兰科 鹅掌楸属

产地与分布 第四纪冰川孑遗树种。自然分布于我国长江流域以南地区。现栽培广泛，华北北部需小气候条件栽植，生长良好。

主要识别特征 高可达40m。树冠卵形。干皮灰色，老时交错纵裂。小枝灰或灰褐色，具环状托叶痕。单叶互生，具长叶柄；叶片大，形状奇特似马褂，长12～15cm；叶片先端平截或微凹，两侧各有一凹裂；叶表亮绿，叶背淡绿，老叶背面具白粉状突起。花单生枝顶，花瓣9，黄绿色，杯形，径5～6cm。聚合翅果，纺锤形。

园林用途 树形端正，叶形奇特，花色黄绿，大而美丽，是珍贵的绿化树种。可孤植、丛植、列植等，适作行道树、庭荫树，也可配置于草坪、广场等处。

辨识

| 树种 | 干皮 | 小枝 | 叶片两侧凹裂 | 叶背 | 花 |
|---|---|---|---|---|---|
| 鹅掌楸 | 灰白色，光滑 | 灰或灰褐色 | 1对，较深裂 | 白粉状突起 | 黄绿色 |
| 北美鹅掌楸 | 灰褐色，纵裂深 | 褐或褐紫色 | 2～4对，中浅裂 | 无 | 黄绿色，基部具橙黄色带 |
| 杂交鹅掌楸 | 鹅掌楸与北美鹅掌楸杂交种，形态位于两者之间，适应性更强 | | | | |

基本属性

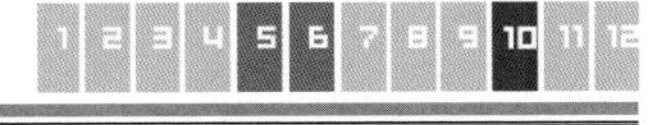

叶

干

枝

花

株型

应用

## 41. 杂交鹅掌楸（杂交马褂木）

学名 *Liriodendron chinensis*×*L.tulipufera*　　科属 木兰科　鹅掌楸属

产地与分布　马褂木和美国马褂木杂交种。

主要识别特征　性状特征介于亲本之间。高达60m，树冠阔卵形。树皮灰褐色，粗纵裂；一年枝红褐色。叶较马褂木宽，两侧凹裂浅，顶端凹陷。花内轮黄色，外轮黄绿色。

园林用途　同马褂木。

基本属性

## 42. 山胡椒

学名 *Lindera glauca* 科属 樟科 山胡椒属

产地与分布 主要分布长江流域及以南；朝鲜、日本也有分布。

主要识别特征 高达8m。树冠阔卵形。树皮灰或灰白色，平滑。一年生枝灰白色，被毛；冬芽长卵形，黄棕色。全缘叶互生或近对生，近革质，卵至倒卵形，长4～9cm；表面绿色，背面苍白色，被灰柔毛；羽状脉。雌雄异株。腋生伞形花序，花被裂片椭圆或倒卵形；2室花药。果球形，径5～7mm，黑色。

园林用途 秋叶红艳，经冬不落，可孤植、丛植，用于路旁、水边、草坪及林缘。

基本属性

1 2 3 4 5 6 7 8 9 10 11 12

## 43. 法桐（法国梧桐，三球悬铃木，祛汗树）

学名 *Platanus orientalis* 科属 悬铃木科 悬铃木属

产地与分布 原产欧洲，印度及安纳托利亚（又名小亚细亚）也有分布。我国南北各地广为栽培。

主要识别特征 高达30m。树冠阔钟形。干皮灰褐至灰白色，薄片状剥落。柄下芽；幼枝密生星状柔毛。单叶，大，互生，5～7裂，中裂长>宽，全缘或疏生粗齿。聚合果球形，一柄3～6球，宿存花柱刺毛状。

园林用途 世界五大行道树之首。优良的庭荫树种和工矿区环境保护树种。球果成熟后，带毛的种子随风飞舞，对环境有一定影响。

基本属性

叶

果

干

应用

## 44. 美桐（一球悬铃木）

**学名** *Platanus occidentalis*　　**科属** 悬铃木科　悬铃木属

**产地与分布** 原产北美。我国引种栽培。

**主要识别特征** 高达50m。树皮灰褐色，成块状裂，不易剥落。叶3～5掌状裂，中裂片宽明显大于长。球形果序单生，平滑，宿存花柱极端。

**园林用途** 同法桐。

**辨识**

| 树种 | 干皮 | 叶 | 果 |
|---|---|---|---|
| 美桐（一球悬铃木） | 灰褐色，呈小块状裂，不易剥落 | 3～5浅裂，中裂片宽>长 | 多单生 |
| 英桐（二球悬铃木） | 灰绿色，薄片状剥落，剥落后绿白色 | 3～5深裂，中裂片长≈宽 | 多2枚/串 |
| 法桐（三球悬铃木） | 灰褐至灰白色，薄片状剥落 | 5～7深裂至叶片中或以下，中裂片长>宽 | 多3枚/串以上 |

**基本属性**

芽

干

枝

果

株型

应用

## 45. 英桐（二球悬铃木）

学名 *Platanus acerifolia* 科属 悬铃木科 悬铃木属

产地与分布 法桐与美桐杂交种，性状介于二者之间。我国东北南部以南广泛栽植。

主要识别特征 高达35m。树冠卵至圆形。树皮灰绿色，片状剥落，内白灰绿色。一年枝黄褐色，被黄褐色星状毛；无顶芽，侧芽柄下芽。叶互生，宽卵形，密被黄褐色星状毛。掌状多5(3～7) 裂，缘具不规则大尖锯齿，中裂片近等边三角形；托叶长约1.5cm。雌雄花均为球形头状花序，生于不同枝上，下垂。果序球形，一柄2球；花柱刺状宿存。

园林用途 同法桐。

基本属性

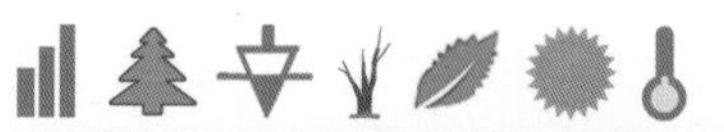

叶

果

株型

## 46. 枫香（枫树，路路通）

**学名** *Liquidambar formosana* **科属** 金缕梅科 枫香属

**产地与分布** 主产于我国长江流域以南、西南各省；日本、朝鲜南部也有分布。华北地区有引种栽培。

**主要识别特征** 高达25m。树冠阔卵形。树皮灰白或灰褐色，平滑，老时不规则深裂。一年枝灰或带褐灰色，略被毛；冬芽圆锥形，紫红，被棕毛。互生叶阔卵形，掌状3裂（幼树、萌枝常5裂）长6～12cm，先端长渐尖，基部平截或心形，具细锯齿。花单性异株，无花瓣；穗状雄花序成总状花序状，淡黄绿色；雌花序头状，花萼刺状。球形果序径3～4cm，木质、下垂；花萼、柱头宿存。

**园林用途** 树干通直，叶美果奇，秋叶红艳，是优良的行道树、庭荫树、风景林树种。可孤植、列植或林植，常用于山坡、草坪、道路。

**基本属性**

## 47. 杜仲（思仙，思仲，木棉）

学名 *Eucommia ulmoides*　　科属 杜仲科 杜仲属

产地与分布 主产于我国华东、中南、西北及西南等地。东北以南地区广泛栽培。

主要识别特征 高达20m。树冠圆球形。树体各部均具弹性丝。干皮灰白色，幼时光滑，老时纵裂。冬芽紫红；小枝灰色。单叶互生，长圆状卵形，长7～14cm，宽3～10cm，先端短渐尖或骤尖，缘具细密齿，深绿色，叶脉有毛，下陷，微呈皱褶；叶柄有毛、浅沟及散生腺体。雌雄异株。花叶同放；雌雄花均无花被，簇生。翅果长椭圆形，扁平，端有2浅裂。

园林用途 树干端直，树形美观，枝叶茂密，叶色浓绿。可列植、丛植、片林栽植，宜作行道树、庭荫树等。

基本属性

## 48. 白榆（家榆，榆树，钱榆）

学名 *Ulmus pumila*　　科属 榆科 榆属

产地与分布 中国原产，广泛分布于华北、东北、西北、华东、华中；朝鲜、俄罗斯也有分布。

主要识别特征 高可达25m。树冠扁球至卵球形。干皮灰褐色，呈不规则鳞片状剥落。一年生枝红褐至灰褐色，二年生枝暗灰色，小枝常呈2列状排列；冬芽暗紫红色。叶片较小，近革质，叶表深绿亮色，叶背脉腋间有白色短柔毛，缘具单细锯齿，基部歪斜。早春开花，簇生叶腋。翅果较小，具细梗。

园林用途 树形优美，姿态洒脱，干皮美丽，枝叶细密，春花春实、适于作行道树、庭荫树、独赏树，多用于孤植、列植、丛植，是良好的园林树种，也是厂矿绿化优良树种。北方常用于制作盆景。

主要品种或变种 ①金叶榆 'Golden Sun'：嫩枝红色，幼叶金黄或橙黄色，老叶变绿色。

②龙爪榆 'Pendula'：小枝卷曲或扭曲而下垂。

③垂枝榆 'Tenue'：树冠伞形，上部的主干不明显，分枝较多，下垂而不卷曲或扭曲。

基本属性

叶　果　枝　应用　冬态　干　垂榆　垂枝金叶榆　金叶榆

## 49. 欧洲白榆（大叶榆）

学名　*Ulmus laevis*　　科属　榆科　榆属

产地与分布　原产于欧洲东部及亚洲西部。我国引种栽培。

主要识别特征　高达35m。树冠半球形。树干淡褐灰色，纵裂。一年生枝灰褐色，幼时被毛；冬芽纺锤形。叶卵至倒卵形，长3～10cm，先端短急尖，基部甚歪斜，重锯齿；表面暗绿，光滑，背面仅中脉下部被毛。20～30朵组花成短聚伞花序，花梗长0.6～2cm。翅果卵至椭圆状卵形，长1～1.5cm，缘具睫毛。

园林用途　树冠圆润，叶大荫浓。可孤植、列植或林植，常用于庭院、草坪、道路及风景林绿化。

基本属性

1 2 3 4 5 6 7 8 9 10 11 12

## 50. 大果榆（黄榆，山榆）

学名 *Ulmus macrocarpa* 科属 榆科 榆属

产地与分布 主产于我国东北及华北地区；朝鲜、俄罗斯也有分布。

主要识别特征 高达10m。树冠球形。小枝常有2条宽扁木栓翅，淡黄褐色。叶倒卵形，先端突尖，基部歪斜，缘具不规则重锯齿。翅果大，径2.5～3.5 cm。具黄褐色长毛。

园林用途 树冠球形，枝叶茂密，秋叶红褐色，北方秋色叶树种之一。可孤植点缀于山石旁，或丛植、片植形成美丽的风景林。

辨识

| 树种 | 小枝颜色 | 木栓翅 | 果 |
|---|---|---|---|
| 大果榆 | 淡黄褐色 | 2条 | 大，2.5～3.5cm，有毛 |
| 黑榆 | 紫褐色 | 扁平（或无） | 0.9～1.5cm，疏毛 |
| 春榆 | 紫褐色 | 不规则 | 无毛 |

基本属性

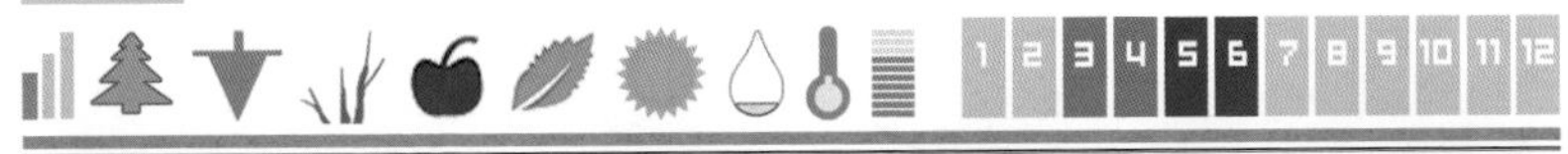

枝叶

果

枝

干

应用

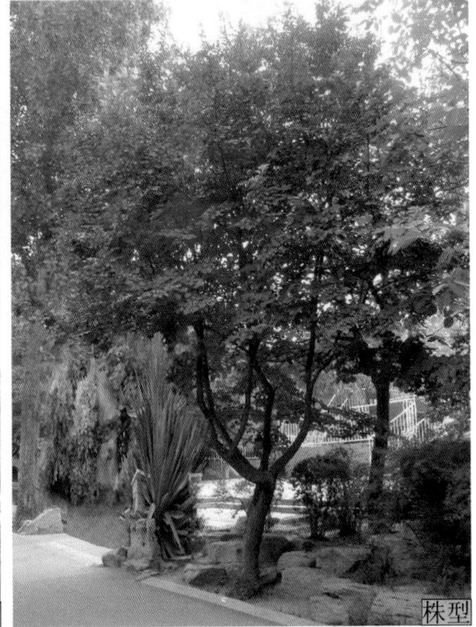
株型

## 51. 榔榆（小叶榆，秋榆）

学名 *Ulmus parvifolia* 科属 榆科 榆属

产地与分布 产于我国自河北以南至两广；朝鲜、日本也有分布。

主要识别特征 高达25m。树冠广圆形。树皮灰或灰褐，裂成不规则鳞状薄片剥落，微凹凸不平。一年生深褐色，密被短柔毛；冬芽卵圆形，红褐色，无毛。叶质地厚，披针状卵或窄椭圆形，长2.5～5（8）cm，先端尖或钝，基部偏斜，叶面深绿色，有光泽，中脉凹陷，叶背色较浅，沿脉有疏毛、簇毛或无，单锯齿钝而整齐。3～6花簇生叶腋或排成簇状聚伞花序。翅果椭圆或卵状椭圆形，长10～13mm，果核上端接近缺口，缺口被毛，余无毛。

园林用途 树姿婆娑，秋花秋果，秋叶红褐，时间长久。可孤植、丛植，常用于草坪、山坡或庭院，也可制作盆景。

基本属性

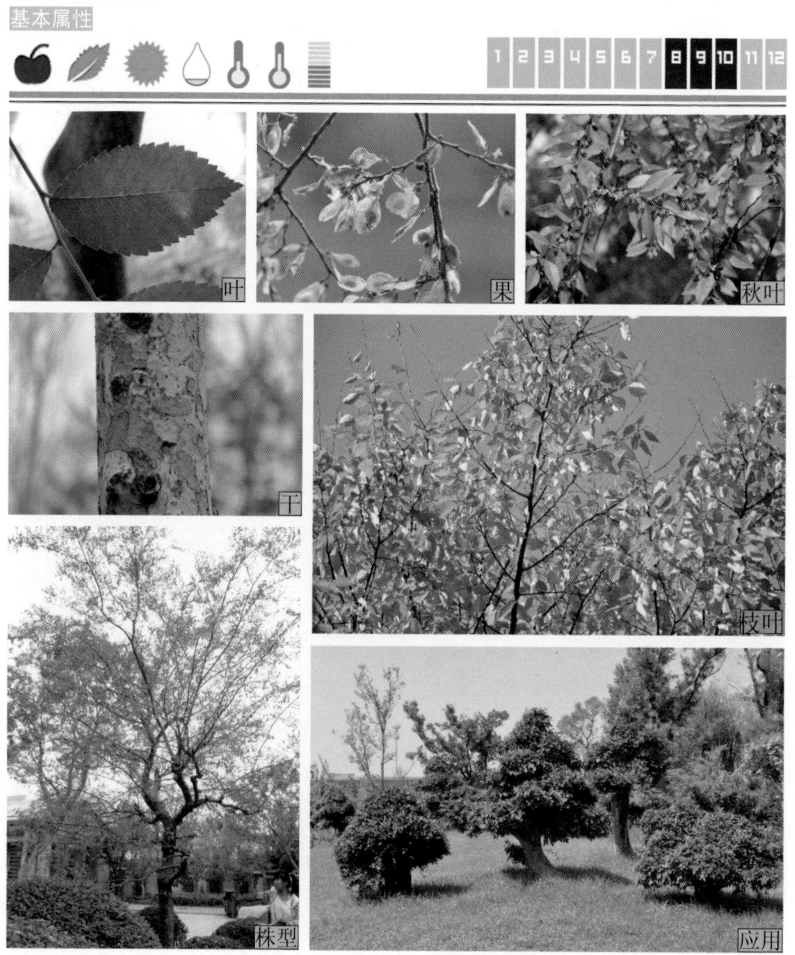

## 52. 光叶榉（榉树）

**学名** *Zelkova serrata* **科属** 榆科 榉属

**产地与分布** 产于我国东北南部以南至华东、中南、西南各省区；日本、朝鲜也有分布。

**主要识别特征** 高达25m。树皮灰褐色，粗糙，老时鳞片状开裂。一年枝栗褐或红褐色，无毛，散生皮孔；冬芽暗紫褐色。叶纸质，大小形状变异很大，卵、椭圆或卵状披针形，长3～10cm，宽1.5～5cm，先端渐尖或尾状渐尖，表面亮绿色，叶缘有圆齿状锯齿，先端尖锐单锯齿，尖头向外斜张；叶柄粗短被短柔毛。花单性同株。果径3～4mm，有皱纹，几无柄。

**园林用途** 树形端庄，秋叶变黄色，古铜色或红色，为优良的秋色叶树种。可孤植、丛植、列植、林植，用于庭荫树或行道树，也可作制盆景。

**基本属性**

## 53. 朴树（沙朴，青朴，黄果朴）

**学名** *Celtis sinensis*　　**科属** 榆科　朴属

**产地与分布**　中国原产，主要分布于淮河流域、秦岭、长江流域以南至华南各省；日本、朝鲜也有分布。

**主要识别特征**　高可达20m。干皮灰黑色粗糙不裂。芽小而扁紧贴小枝；小枝灰褐至灰绿色，被细柔毛。叶片广卵形，基脉三出，叶背密被黄褐柔毛，叶缘中部以上具疏浅锯齿；叶柄被毛。雄花和两性花均生于新枝叶腋，花绿色，花被4基数。核果球形，橘红或橘黄色，径5～7mm，果梗近等长于叶柄。

**园林用途**　树冠扁球形，树干光洁，冠大荫浓，秋叶黄艳。可孤植、丛植、列植，适用于庭荫树、行道树、防护林及工厂绿化。

**辨识**

| 树种 | 小枝 | 叶 | 果 | 果、叶柄比例 |
| --- | --- | --- | --- | --- |
| 朴树 | 有毛 | 卵形，叶背被黄褐色柔毛，先端短渐尖 | 橘红或橘黄色 | 果、叶柄近等长 |
| 小叶朴 | 无毛 | 长卵形，无毛，先端渐尖 | 黑色 | 果柄≥2叶柄 |
| 大叶朴 | 近无毛 | 倒卵状椭圆形，无毛，先端截形，尾尖 | 橙色 | 果、叶柄近等长 |

**基本属性**

## 54. 小叶朴（黑弹树）

学名 *Celtis bungeana* 科属 榆科 朴属

产地与分布 产于我国辽宁以南、华北、华东、中南、西南；朝鲜也有分布。

主要识别特征 高达20m。树冠近卵形，树皮灰褐色，老时有不规则裂纹。一年生枝淡棕或灰棕色；芽单生，栗棕色，贴枝。叶长卵、卵或宽卵形，先端渐尖，基部不对称，中部以上有浅钝齿或近全缘，或一侧具齿而另一侧全缘，表面绿色，有光泽，背面淡绿色。花簇生于当年枝基部。核果单生叶腋，紫黑色，径约5mm，果柄长为叶柄长2倍以上。

园林用途 可孤植、丛植，适用作庭荫树及工厂绿化树种。

基本属性

1 2 3 4 5 6 7 8 9 10 11 12

## 55. 大叶朴（大青榆）

学名 *Celtis koraiensis* 科属 榆科 朴属

产地与分布 主产辽宁、山东、河北、山西、陕西、甘肃、河南、安徽；朝鲜也有分布。

主要识别特征 高达15m。树冠卵形。树皮灰或暗灰色，有时具不规则浅裂。一年生枝淡褐或褐色，无毛或有时被短绒毛；冬芽卵状圆锥或长卵形，棕或红褐色。叶较大，椭圆至倒卵状椭圆形，长8～15cm，先端圆或截形，有尾尖，基部稍偏斜，边缘具粗锯齿，叶片两面无毛，或仅叶背疏生短柔毛。核果单生叶腋，椭球形，成熟橙至深褐色，果柄较叶柄长或近等长。

园林用途 树冠如伞，叶大荫浓，秋季金黄，美丽宜人。可孤植、丛植、片植，适用于庭院、草坪、山坡及风景区绿化。

基本属性

1 2 3 4 5 6 7 8 9 10 11 12

叶 叶背 果 株型 冬态 枝

## 56. 青檀（翼朴）

学名 *Pteroceltis tatarinowii* 科属 榆科 青檀属

产地与分布 我国特产，主产黄河及长江流域，向南到两广及西南地区。

主要识别特征 高达20m。树冠阔卵形。干皮灰色，长片状脱落，内皮灰绿色，树干常凹凸不平。小枝柔细，一年生枝棕灰或灰褐色，二年生枝暗灰色；冬芽卵圆形，黄褐色，有并生副芽。叶色翠绿，基部全缘，三出脉，侧脉不直达齿端。小坚果周围具木质薄翅，径10～17mm，果柄细长。

园林用途 枝繁叶茂，可孤植、丛植或林植，适作庭荫树、行道树、风景树。

辨识

| 属名 | 侧脉 | 叶缘 | 果 |
|---|---|---|---|
| 朴 | 不直达齿端 | 中部以上锯齿，中部以下全缘 | 核果 |
| 青檀 | 不直达齿端 | 基部全缘 | 坚果，具翅 |
| 糙叶树 | 直达齿端 | 基部以上锯齿 | 核果 |

基本属性

## 57. 桑（白桑，家桑）

学名 *Morus alba* 科属 桑科 桑属

产地与分布 主产我国中部，以黄河流域及长江流域最为普遍。现广为栽培。

主要识别特征 高可达10m。树冠倒广卵形。干皮灰褐或黄褐色，不规则浅裂。一年生枝灰白至灰黄色；冬芽红褐色。枝无顶芽。叶广卵形，长可达6～15cm，先端渐尖，基脉三出，叶缘锯齿粗钝，叶表光绿，叶背淡绿，沿脉或脉腋具毛。雌雄异株。聚花果椭圆或圆柱形，长1.5～3cm，白、红或紫色，甘甜。

园林用途 树冠广展，叶片亮丽，果色鲜艳，秋叶鲜黄，适应力强，是平原地区常见四旁绿化树种。我国传统园林中桑、梓常置于宅院，意指家乡。

主要品种或变种 ①龙桑 'Tortuosa'：枝条扭曲向上，叶片不分裂。②垂枝桑 'Pendula'：枝条细长下垂。③鲁桑 var. *multicaulis*：枝条粗壮，叶大而肥厚，不分裂，果实较大。

辨识

| 树种 | 叶 | 叶缘 | 果长 |
|---|---|---|---|
| 桑 | 表面光亮，沿脉有疏毛或脉腋具簇毛 | 粗钝锯齿 | 1.5～3cm |
| 蒙桑 | 表面光滑，背面脉腋有簇毛 | 刺芒状锯齿，常不规则裂 | 1cm 左右 |
| 鸡桑 | 表面粗糙，背面有毛 | 粗齿，常3～5裂 | 1～1.5cm |

基本属性

1 2 3 4 5 6 7 8 9 10 11 12

## 58. 蒙桑（岩桑，刺叶桑）

学名 *Morus mongolica* 科属 桑科 桑属

产地与分布 产辽宁、内蒙古、河北、山西、山东、河南、湖北、湖南、四川、云南。

主要识别特征 高达12m。树冠阔卵形。树皮灰褐色，纵裂。一年生枝紫红色，无毛，疏具长圆形皮孔；二年生枝粗糙，具纵裂纹；侧芽卵形，紫红色。叶卵或椭圆状卵形，常有不规则裂片，单锯齿刺芒状，先端尾或近尾尖，基部心形，两面无毛。花单性异株，柔荑花序生于叶腋。果椭球形，紫红至近黑色；果梗长2～2.5cm。

园林用途 叶形奇特，叶片大，果红叶绿，秋叶黄。可孤植、丛植、林植，适宜作庭荫树、风景树等。

基本属性

1 2 3 4 5 6 7 8 9 10 11 12

## 59. 构树（楮树，楮桃树，谷浆树，构桃树）

学名 *Broussonetia papyrifera* 科属 桑科 构属

产地与分布 分布范围广泛，自西北、华北至华南、西南均有分布；日本、印度也有。

主要识别特征 高达15m。树冠卵至广卵形。干皮浅灰或灰褐色、平滑、纵裂，有散生黄褐色斑纹、皮孔。小枝及叶含丰富白色乳汁。单叶互生，基脉三出，全缘及缺裂叶的叶面均具粗毛，背面密被柔毛。雌雄异株。雄花柔荑花序，雌花头状花序。聚花果球形，径2～2.5cm，鲜红或橘红色。

园林用途 外貌粗犷，枝叶繁茂，树种抗烟尘能力极强且适应范围广泛。可作为庭荫树、防护林、风景林树种，是工矿区及荒山造林优良树种。

基本属性

1 2 3 4 5 6 7 8 9 10 11 12

## 60. 无花果

学名 *Ficus carica* 科属 桑科 榕属

产地与分布 原产欧洲地中海沿岸和中亚，西汉引入中国。现北京以南广泛栽培。

主要识别特征 灌木或小乔木，高可达12m。干皮灰褐或灰色，平滑或不规则纵裂；通体具白色乳汁。小枝粗壮，一年生枝灰绿或紫褐色，被短毛；顶芽卵状圆锥形，绿色，具环状托叶痕。叶大，近圆或阔卵形，长11～24cm，宽9～22cm，掌状叶3～7裂，先端钝，基出3～5脉，两面均被白色短硬毛。隐头花序单生于叶腋。梨状浆果，长3～8cm，黄绿或黑紫色。

园林用途 叶片宽大，果实奇特，夏秋果实累累，是优良的庭院绿化和经济树种。具有抗多种有毒气体的特性，耐烟尘，少病虫，多用于厂矿绿化和庭院绿化或生产。

基本属性

枝叶

叶背

果

芽

枝

干

株型

## 61. 核桃（胡桃，羌桃）

学名　*Juglans regia*　　科属　胡桃科　胡桃属

产地与分布　原产中国新疆、伊朗及阿富汗。我国栽培历史悠久，东北南部以南广泛栽培，华北、西北地区最为普遍。

主要识别特征　高达25cm。树冠广卵至扁球形。树皮幼时灰绿平滑，老时灰白至深灰，纵裂。小枝粗壮光滑，灰绿色，枝髓片状。奇数羽状复叶，小叶5～9枚，椭圆、椭圆状卵至倒卵形，长6～14cm，先端小叶大，小叶近无柄，先端钝圆或急尖，全缘。雌雄同株异花。雄花柔荑花序下垂，雌花1～3朵组成穗状花序。果球形，径4～5cm；果核球形，先端钝，具纵棱及皱褶，端具短尖头。

园林用途　树冠雄伟，枝叶繁茂，浓荫蔽日。可孤植、丛植、列植、片植、林植，适用于庭荫树、园路树及经济林、风景林，也可在园林绿化中用作点缀性树种。

辨识

| 树种 | 小枝 | 叶 | 果及果核 |
|---|---|---|---|
| 核桃 | 无毛或近无毛 | 小叶5～9，卵圆至卵状椭圆形 | 球形，1～3枚；果核球形，先端钝，有纵棱及皱褶，端具短尖头 |
| 核桃楸 | 密被毛 | 小叶9～17，矩圆形 | 卵形，3～11枚，先端尖；果核长卵形，具8条纵脊 |

基本属性

## 62. 核桃楸（胡桃楸，楸子，山核桃）

学名 *Juglans mandshurica* 科属 胡桃科 胡桃属

产地与分布 主要分布于东北、华北及河南、甘肃；俄罗斯、朝鲜北部也有。

主要识别特征 高可达20m。树冠圆或长圆形。树皮灰或暗灰色，幼时光滑，老时浅纵裂。小枝粗壮，幼枝及芽被黄褐色绒毛，皮孔隆起。奇数羽状复叶互生，长40～50cm，叶柄基部膨大；小叶9～17，卵状椭圆至椭圆状披针形，边缘具细锯齿，先端渐尖；叶柄、叶轴及叶背被短柔毛及星状毛。雌雄同株异花。雄花序为下垂葇荑花序；雌花序穗状，直立。核果3～11枚，卵圆或椭圆形，顶端尖，密被腺质短毛，直径3～5cm，具8纵棱。

园林用途 端直挺拔，树皮灰白。可丛植、列植、林植，适用于庭院与风景林地。

基本属性

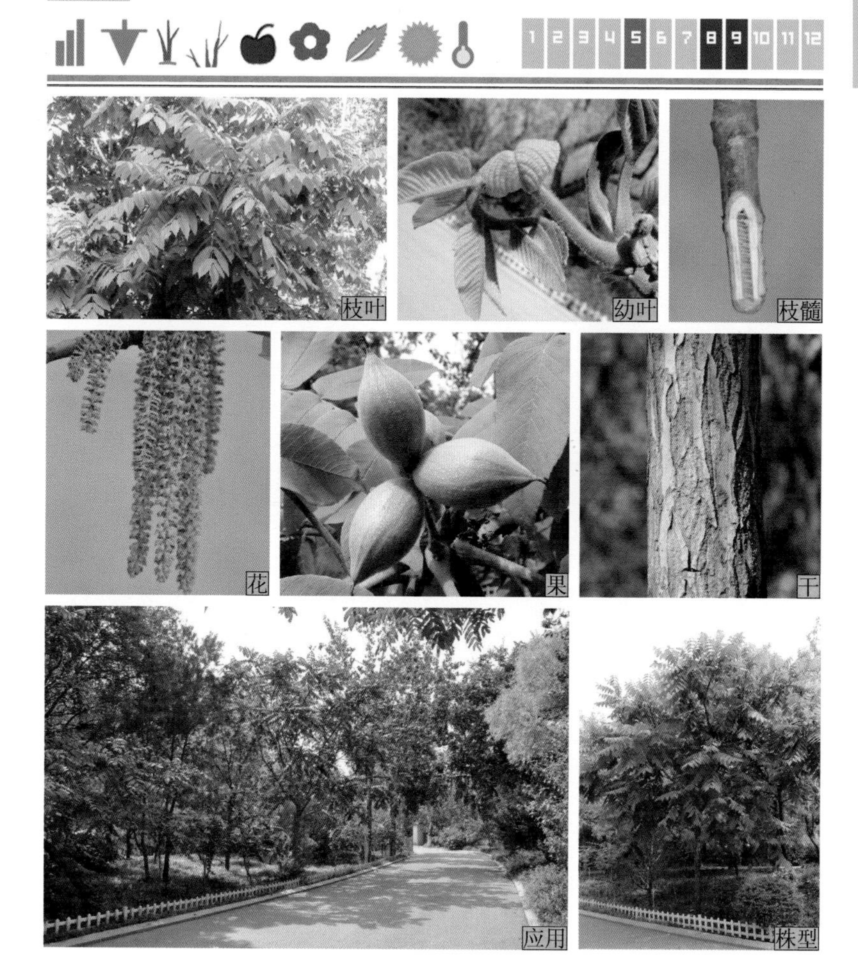

## 63. 美国山核桃（薄壳山核桃）

学名 *Carya illinoensis* 科属 胡桃科 山核桃属

产地与分布 原产北美洲。我国河北至福建、四川等有栽培。

主要识别特征 高可达50m。树皮粗糙，深纵裂。小枝灰褐色，皮孔稀疏；芽黄褐色，被柔毛。奇数羽状复叶长25～35cm，小叶长9～17片，卵状披针至长椭圆状披针形，常镰状弯曲，长7～18cm，宽2.5～4cm，基部歪斜阔楔至近圆形，顶端渐尖，边缘具单锯齿或重锯齿，初被腺体及柔毛。雄性葇荑花序3条1束，长8～14cm；雌性穗状花序直立，具雌花3～10个，花序轴密被柔毛。果实矩圆或长椭圆形，长3～5cm，径约2.2cm，纵棱4条。

园林用途 树姿优美，冠大荫浓，果叶奇特。常孤植、列植或林植，用作庭荫树、行道树或风景林树种。

基本属性

1 2 3 4 5 6 7 8 9 10 11 12

## 64. 枫杨（平柳，枫柳，溪沟树，水麻柳，大叶柳，水槐树）

学名　*Pterocarya stenoptera*　　科属　胡桃科　枫杨属

产地与分布　主要分布于华北以南至华南、西南地区；朝鲜也有分布。

主要识别特征　高达30m。干皮灰褐色，幼时光滑，老时纵裂。一年生枝黄棕或黄绿色；二年生枝灰绿色，被淡褐色长圆形皮孔，有锈色腺鳞；冬芽为具柄裸芽，密被锈色毛。叶轴具窄翅。雌雄同株异花，雄花柔荑花序，生于二年枝叶腋，长5～10cm；雌花穗状花絮，生于新枝顶端，穗状果序可长达20～30cm，下垂。小坚果两端具翅。

园林用途　树冠广展，枝叶茂密，生长快速，适应性强，是黄河、长江流域以南各地造林、固堤护岸树种。可作行道树、公路树和庭荫树，适用于河床两岸低洼湿地，也可孤植、片植于草坪及坡地。

基本属性

1 2 3 4 5 6 7 8 9 10 11 12

落叶乔木

## 65. 板栗（栗，栗子，中国板栗，毛栗，“铁杆庄稼”）

学名 *Castanea mollisima* 科属 壳斗科 栗属

产地与分布 我国特产，北自东北南部，南至两广，西达甘肃及西南地区均有分布。

主要识别特征 高达20m。树冠扁球形。树皮灰褐色，深纵裂。无顶芽，一年生枝灰绿或淡褐色，被灰色绒毛，疏具皮孔。叶矩圆状椭圆至椭圆状披针形，缘有芒状锯齿，叶表亮绿，叶背被灰白绒毛。壳斗球形，密被长针刺，内含1～3粒坚果。

园林用途 树冠广圆、枝繁叶大，可孤植、丛植、群植及林植，适用于草坪及坡地，主要为经济林，亦可用于山区绿化造林和水土保持。

基本属性

1 2 3 4 5 6 7 8 9 10 11 12

## 66. 麻栎

学名 *Quercus acutissima* 科属 壳斗科 栎属

产地与分布 在我国分布非常广泛，北自东北南部，南至两广各地均有分布；日本、朝鲜也有。

主要识别特征 干皮暗灰色，粗糙深纵裂。小枝黄褐色。单叶互生，叶长椭圆状披针形，缘有刺芒状尖锯齿，侧脉12～16对，叶两面无毛或仅在叶背脉腋有毛。壳斗包被坚果约1/2，苞片钻形，反曲，具灰白色绒毛。坚果球或圆状披针形，总苞碗状，鳞片木质刺状。果翌年10月成熟。

园林用途 干通直，冠广展，枝叶茂密，叶翠绿，至秋橙色，季相明显。可孤植、丛植或群植，适用于工矿区绿化、营造防护林或与其它树种混交为风景林。

辨识

| 树种 | 属 | 枝干 | 叶 | 果 |
|---|---|---|---|---|
| 麻栎 | 栎属 | 暗灰色，粗糙深纵裂 | 无毛或仅叶背脉腋有毛 | 壳斗包被坚果约 1/2 |
| 栓皮栎 | 栎属 | 木栓层发达 | 叶背密生灰白星状毛层 | 壳斗包被坚果约 2/3 |
| 板栗 | 栗属 | 灰褐色，深纵裂 | 表面亮绿色，背面被灰白绒毛 | 壳斗球形，密被长针刺，内含 1 ～ 3 粒坚果 |

基本属性

1 2 3 4 5 6 7 8 9 10 11 12

## 67. 槲树（菠萝叶，柞栎）

学名 *Quercus dentata*　　科属 壳斗科 栎属

产地与分布 主产于我国东北、华北至长江流域；蒙古、日本也有分布。

主要识别特征 高达25m。树冠椭圆形。小枝粗壮，有沟棱，密生灰黄色绒毛。叶大型，倒卵或倒卵状椭圆形，先端圆钝，基部耳形或楔形，缘具不规则波状裂片，侧脉8～10对，背面、叶柄均密生毛。壳斗杯状，包被坚果1/2～2/3，总苞鳞片披针形，反曲。

园林用途 树形挺拔，叶大而奇，秋叶红黄，典型秋色叶树种。可孤植、丛植或群植，适用于庭院及厂矿绿化。

辨识

| 树种 | 小枝 | 叶缘 | 侧脉对数 | 叶柄 | 鳞片 |
|---|---|---|---|---|---|
| 槲树 | 沟棱，密生灰黄色绒毛 | 具不规则波状裂片 | 8 ～ 10 | 极短，2 ～ 5mm | 披针形 |
| 槲栎 | 无毛，有棱 | 具波状钝齿 | 10 ～ 15 | 长1 ～ 3cm | 短小 |

基本属性

## 68. 槲栎

学名 *Quercus aliena* 科属 壳斗科 栎属

产地与分布 主产于我国华北至华南、西南地区。

主要识别特征 高达20m。树皮灰黑色。一年枝红褐或灰绿色，粗壮无毛，皮孔浅褐色。叶互生长椭圆状倒卵至倒卵形，长10～20（30）cm，先端钝或短渐尖，基部楔或圆形，波状锯齿，背面被灰白色绒毛，侧脉10～15对；叶柄长1～3cm。杯形壳斗包果1/2，披针形短小苞片紧贴，被白毛；椭圆状卵形果长1.7～2.5cm。

园林用途 同槲树。

基本属性

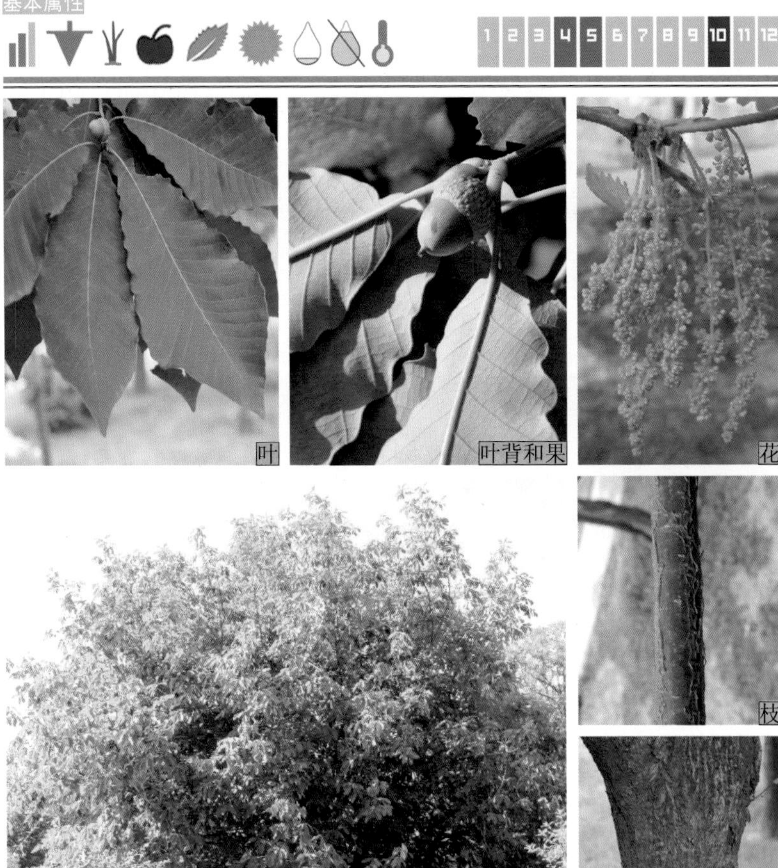


叶 叶背和果 花 枝 株型 干

## 69. 蒙古栎（柞树，柞栎）

学名 *Quercus mongolica* 科属 壳斗科 栎属

产地与分布 产于我国东北、华北及西北；日本、朝鲜、蒙古及俄罗斯也有分布。

主要识别特征 高达30m。树冠卵圆形。树皮灰褐色，纵裂，裂片较宽。一年生枝栗褐色；顶芽红褐色，先端尖。枯叶常宿存。叶多集生于枝端，倒卵至倒卵状长椭圆形，长7～20cm，先端钝或短凸尖，基部近耳或窄圆形，缘具波状深缺刻及圆钝齿或粗齿；侧脉8～15对；叶柄短，0.2～0.5cm，疏生绒毛。雌雄同株，花单性，雄花序为下垂柔荑花序长5～7cm；雌花序长约1cm，有花4～5朵，只1～2朵结果。杯状总苞包1/2～1/3果，壁厚；苞鳞三角状卵形，背部呈半球形瘤状突起，密被灰白色短绒毛；坚果单生，卵或长卵形，长2～2.3cm。

园林用途 可孤植、丛植，适宜与其它树木组成混交林，常配植于草坪、山坡、水边等，也可用于防护林及荒山造林。

辨识

| 树种 | 纵裂 | 叶脉 | 果苞 | 苞鳞 |
|---|---|---|---|---|
| 蒙古栎 | 裂片较宽 | 侧脉8～15对 | 包1/2～1/3果，壁厚 | 三角状卵形，背部半球形瘤状突起，密被灰白短绒毛 |
| 辽东栎 | 裂片较窄 | 侧脉8对以下 | 杯形，包果约1/3 | 长三角形，扁平或背部凸起，疏被短绒毛 |

基本属性

1 2 3 4 5 6 7 8 9 10 11 12

叶  果  枝  干

株型  冬态

## 70. 辽东栎（柴树）

学名 *Quercus wutaishanica*　　科属 壳斗科　栎属

产地与分布　产于我国东北、华北、西北，南至河南及四川北部。

主要识别特征　高达15m。树冠阔卵形。树皮灰褐色，纵裂，裂片较窄。一年生枝灰绿或黄绿色，无毛；顶芽暗红色，先端钝，被疏毛。有宿存枯叶。叶倒卵或倒卵状长椭圆形，长5～17cm，先端圆钝或短突尖，基部窄圆或耳形，缘具波状缺刻，侧脉8对以下；叶柄短，无毛。雄花序长5～7cm；雌花序长0.5～2cm。壳斗浅杯形，包果约1/3，小苞片长三角形，扁平或背部凸起，长约1.5mm，疏被短绒毛；果卵形或卵状椭圆形，长约1.5cm，端具短毛。

园林用途　同蒙古栎。

基本属性

1 2 3 4 5 6 7 8 9 10 11 12

叶　花　果　枝　株型　干

## 71. 白桦（粉桦，桦木）

学名 *Betula platyphylla*　　科属 桦木科　桦木属

产地与分布　产于我国东北、华北、西北、西南；朝鲜、日本也有分布。

主要识别特征　高达25m。树皮白色，被白粉，纸质，分层剥落，皮孔横生，线形。叶卵状或菱状三角形，先端渐尖或尾尖，基部平截、楔形或近心形；缘重锯齿钝尖或具小尖头，偶具不规则缺刻。单生果序，圆柱形，翅果。

园林用途　树姿优美，树皮洁白光滑，秋叶金黄，引人注目，是东北地区高观赏价值树种。可丛植、群植、林植，适用于草坪、水岸等，也适用于风景林。

基本属性

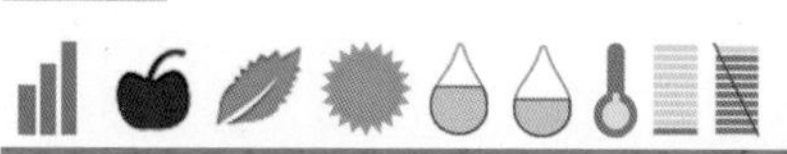

果

枝叶

干

株型

应用

## 72. 糠椴（辽椴，大叶椴）

学名 *Tilia mandshurica* 科属 椴树科 椴树属

产地与分布 主产于东北，华北；日本也有分布。

主要识别特征 高达20m。树冠广卵或扁球形。干皮暗灰色，深纵裂。一年生小枝黄绿色，密生灰白色星状毛；二年生小枝紫褐色，光滑无毛。叶阔卵形，长8～15cm，先端短尖，基部歪心或斜截形，边缘具粗大芒状锯齿，长1.5～2mm；表面有光泽，背面密被灰色星状毛。聚伞花序下垂，花序柄与舌形苞片下部合生；花黄色，芳香；花瓣条形，长7～8mm；退化雄蕊花瓣状。果近球形，径7～9mm，密被黄褐色星状毛，具5条不明显纵脊。

园林用途 树大荫浓，叶色浓绿，花艳芳香，北方值得推广的优良庭荫树和行道树。

辨识

| 树种 | 枝干 | 叶 | 花 |
|---|---|---|---|
| 糠椴 | 干皮灰色，深纵裂 | 粗大芒状锯齿，长1.5～2mm；背面密被灰色星状毛 | 7～12朵，雄蕊退化 |
| 紫椴 | 干皮暗灰色，小枝无毛 | 细锯齿，长约1mm；叶背脉腋簇生黄褐色毛 | 3～20朵小，无退化雄蕊 |
| 蒙椴 | 干皮灰褐色，浅纵裂 | 先端近尾尖，缘具不整齐粗齿或3浅裂，脉腋具簇毛 | 10～20朵，具退化雄蕊5 |

## 73. 蒙椴（小叶椴，白皮椴）

学名 *Tilia mongolica* 科属 椴树科 椴树属

产地与分布 主要分布于蒙古及中国山西、河北、辽宁、内蒙古、河南等地。

主要识别特征 高达10m。树冠卵或广卵形。树皮灰色，浅纵裂。一年生枝红褐色，光滑无毛；二年生枝淡灰黄色。叶宽卵或圆形，先端常3裂，基部近心或偏斜平截，叶背仅脉腋有簇生毛，先端尾状尖，锯齿粗大，不整齐，侧脉4～5对。10～20朵组成聚伞花序，长5～8cm；花梗长5～8mm，纤细；舌状苞片，长3.5～6cm，下半部与花序梗合生；花5基数，花瓣条形，长6～7mm；具退化雄蕊5，雄蕊与萼片近等长。果倒卵形，长6～8mm，被毛。

园林用途 冠广圆形，叶色亮绿，秋叶亮黄，可丛植、群植或林植，适用于庭园绿化，也可用于风景林。

基本属性

1 2 3 4 5 6 7 8 9 10 11 12

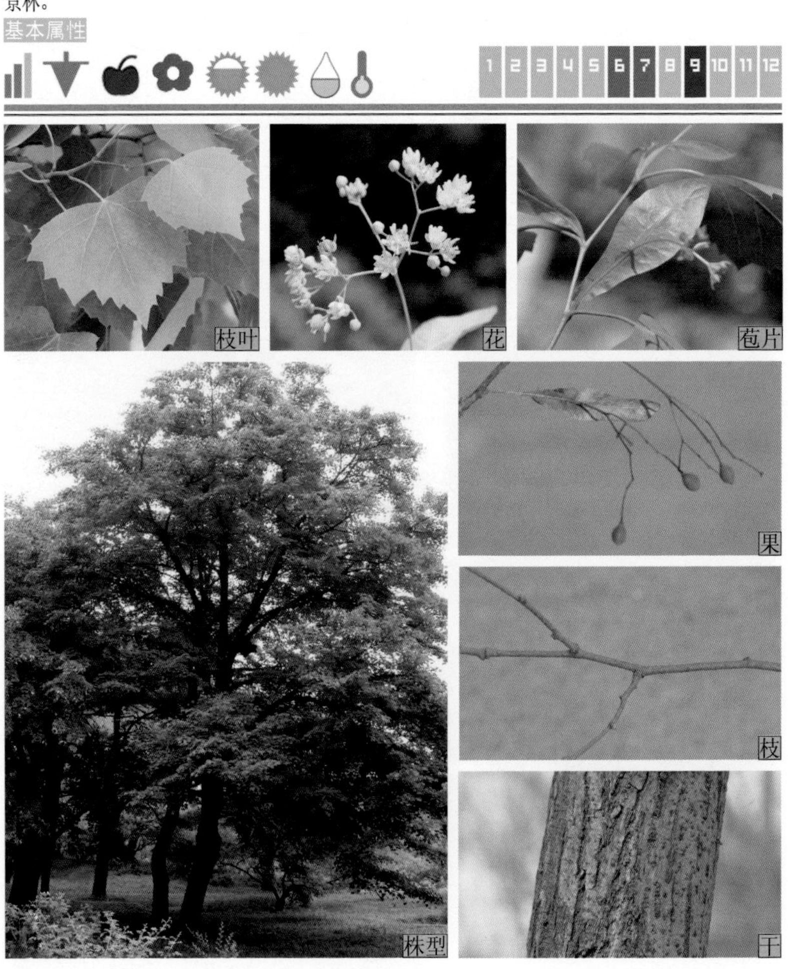

## 74. 紫椴（籽椴）

学名 *Tilia amurensis*　　科属 椴树科　椴树属

产地与分布　主产于我国东北、华北；朝鲜也有分布。

主要识别特征　高达25m。树皮暗灰色，纵裂。嫩枝初时有白丝毛，后无。叶阔卵至卵圆形，长4.5～6cm，宽4～5.5cm，先端急或渐尖，基部心形，有时斜截形，表面无毛，背面脉腋被簇毛，尖锯齿长1mm。3～20朵组成聚伞花序，长3～5cm；苞片狭带形，长3～7cm，宽5～8mm，下半部或下部1/3与花序柄合生；花瓣长条形，长6～7mm；无退化雄蕊。果实卵圆形，长5～8mm，被星状毛，多少有棱。

园林用途　树姿优美，枝繁叶茂，夏花黄香，秋叶黄亮。主要用作行道树、庭荫树，也可用于工厂绿化。

基本属性

叶

花

枝

株型

果

干

### 75. 梧桐（青桐）

学名 *Firmiana simplex* 科属 梧桐科 梧桐属

产地与分布 原产中国和日本。华北至华南、西南广泛栽培，尤以长江流域为多。

主要识别特征 高可达20m。树冠卵圆形。幼年树皮绿色，光滑；老时树皮灰绿或灰色，浅纵裂。小枝粗壮，绿色光滑无毛；顶芽球或扁球形，密被锈褐色长绒毛。单叶互生，叶宽圆形，掌状3～5深裂，长、宽达20cm以上，裂片全缘，先端渐尖，基部心形，两面光滑，基脉七条；叶柄与叶片近等长。顶生大型圆锥花序；花萼5深裂，条形反卷，淡黄带紫；无花瓣。蓇葖果，熟之前心皮先行开裂，裂瓣呈舟形。种子着生于心皮边缘，径约3～5mm，棕黄色，具褶皱。

园林用途 树干端直，干皮光绿，叶大荫浓，华荫如盖，著名庭荫树种。可丛植、孤植、列植，适合配植于宅前、草坪、池畔、路旁等处，也适于厂矿绿化。

主要品种或变种 斑叶梧桐 'Variegata'：叶片带有白斑。

辨识

| 树种 | 科属 | 干皮 | 小枝 | 叶 | 花 | 果 |
|---|---|---|---|---|---|---|
| 梧桐 | 梧桐科<br>梧桐属 | 青绿光滑 | 绿色 | 掌状<br>3～5裂 | 单性，无花瓣，花萼5，花小，黄绿色 | 蓇果，心皮舟形，种子着生于边缘 |
| 毛泡桐 | 玄参科<br>泡桐树 | 灰褐粗糙 | 红褐色 | 全缘或<br>3浅裂 | 花冠唇形，紫色，内有紫斑或黄色条纹 | 蒴果卵形 |

基本属性

## 76. 毛叶山桐子

学名 *Idesia polycarpa* var. *vestita*　　科属　大风子科　山桐子属

产地与分布　产于我国河北至长江流域各地。

主要识别特征　高可达15m。树冠宽卵形。树皮灰白或淡灰褐色，平滑。一年枝赤褐色，粗壮被毛。互生叶宽卵或卵状心形，长8～20cm，先端渐尖或钝尖，基部圆或心形，疏大浅锯齿，表面及叶柄被黄褐色毛，背面被白色毛，基出掌状5（3～7）脉；叶柄与叶等长，腺体有或无。雌雄异株。圆锥花序被黄褐色毛，雌花序较雄花序长而松散；花萼5，黄绿色，无花瓣。浆果球形，径7～8mm，红或红褐色。

园林用途　树冠宽大，果色红亮。可孤植、丛植用于草坪、山坡等，或独立成景。

基本属性

1 2 3 4 5 6 7 8 9 10 11 12

## 77. 柽柳（三春柳，西湖柳，观音柳，红荆条）

学名 *Tamarix chinensis* 科属 柽柳科 柽柳属

产地与分布 广布于辽宁、西北、华北、华中、华南及西南。

主要识别特征 灌木或小乔木，高达7m。树皮暗褐色。小枝纤细，下垂；一年枝紫红或橘红色，常宿存细小卵状披针形叶；冬芽近球形。叶互生，细小，钻或卵状披针形，秋季无芽小枝与叶常一起脱落。总状花序集成大型圆锥状花序；花小，5基数，粉红色，苞片线状披针形。

园林用途 树形优美，姿态婆娑，枝叶纤秀，适应广泛的优良园林树种。可用于盐碱地及荒漠绿化，适宜丛植于河岸、池边、堤岸、坡地，也可做绿篱和盆景。

基本属性

1 2 3 4 5 6 7 8 9 10 11 12

花 株型 应用 枝 干

## 78. 毛白杨（大叶杨，响叶杨）

学名 *Populus tomentosa* 科属 杨柳科 杨属

产地与分布 中国特产，主分布于黄河流域。

主要识别特征 高可达30m。树冠卵宽圆或圆锥形。幼树干皮灰绿、光滑无毛，老树纵裂。一年生小枝青灰绿色；枝痕常呈“人眼形”，皮孔菱形；嫩枝、萌条及叶背均被白绒毛。单叶互生，短枝上叶三角状卵形，多无腺体；长枝上叶阔卵形，叶片基部常具2～4腺体。叶表暗绿光亮，背面密被白绒毛，缘波状，具不规则缺裂；叶柄侧扁。雌雄异株。柔荑花序。绿色蒴果，种子具丝毛。

园林用途 树干高大端直，干皮美丽，冠大荫浓，气势雄伟。可列植、孤植或丛植于大型建筑、广场、草坪或干道两侧，是“四旁”绿化、工厂绿化、防护林、用材林优良树种。

主要品种或变种 抱头毛白杨var. *fastigiata*：树冠狭长，主干明显，侧枝紧抱主干。

基本属性

1 2 3 4 5 6 7 8 9 10 11 12



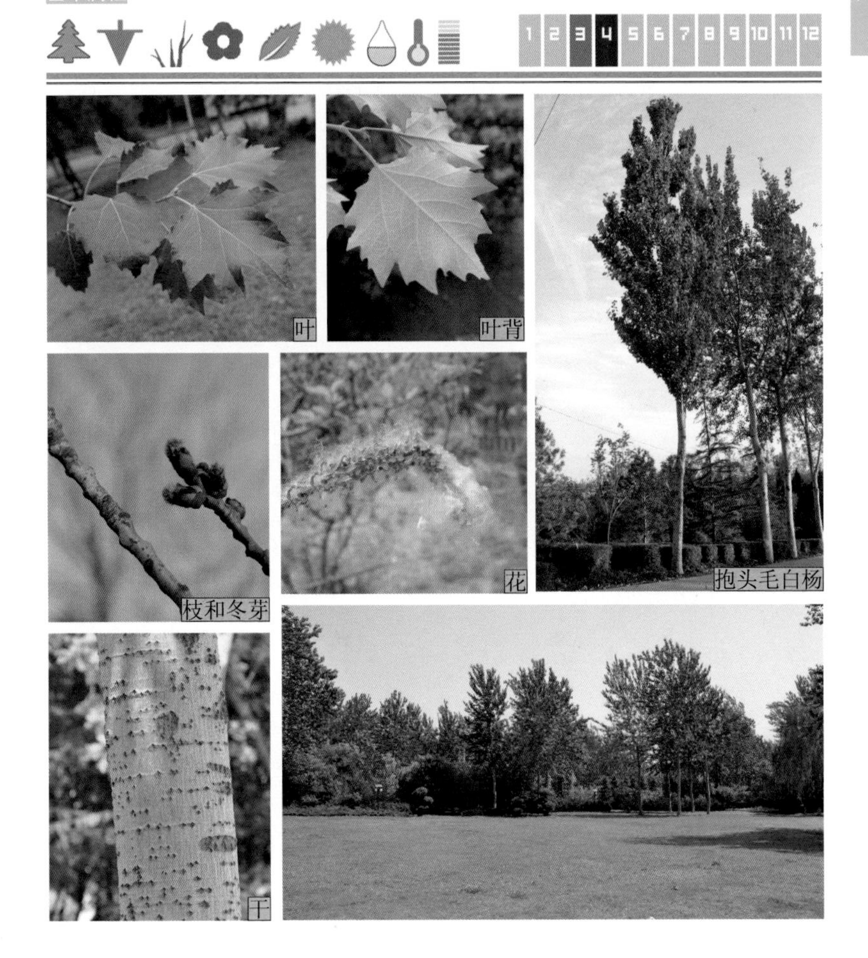

## 79. 加杨（加拿大杨，欧美杨）

**学名** *Populus×canadensis*　　**科属** 杨柳科　杨属

**产地与分布** 加杨为美洲黑杨和欧洲黑杨的天然杂交种（*P.deltoides* × *P.nigra*）。19世纪中叶引入中国，南北各地均有栽培，以华北、黄河流域栽培最为普遍。

**主要识别特征** 高达30m。树冠卵圆形。干皮幼时灰绿色，老时暗灰黑色，深纵裂。一年生小枝近圆形，灰绿或黄褐色，径3～4mm，常有棱无毛；二年生枝灰绿色；顶芽红褐色，长尖，有黏液。单叶互生，三角形，两面光滑无毛，叶缘具圆钝锯齿，边缘半透明；叶柄扁，微带红色，顶端有时具1～2腺体。雌雄异株。葇荑花序，先叶开花。蒴果；种子细小，生白色绢毛。

**园林用途** 树体高大，树冠宽阔，可丛植、列植、林植，适用作行道树、庭荫树、公路树及防护林和用材林树种。

**基本属性**

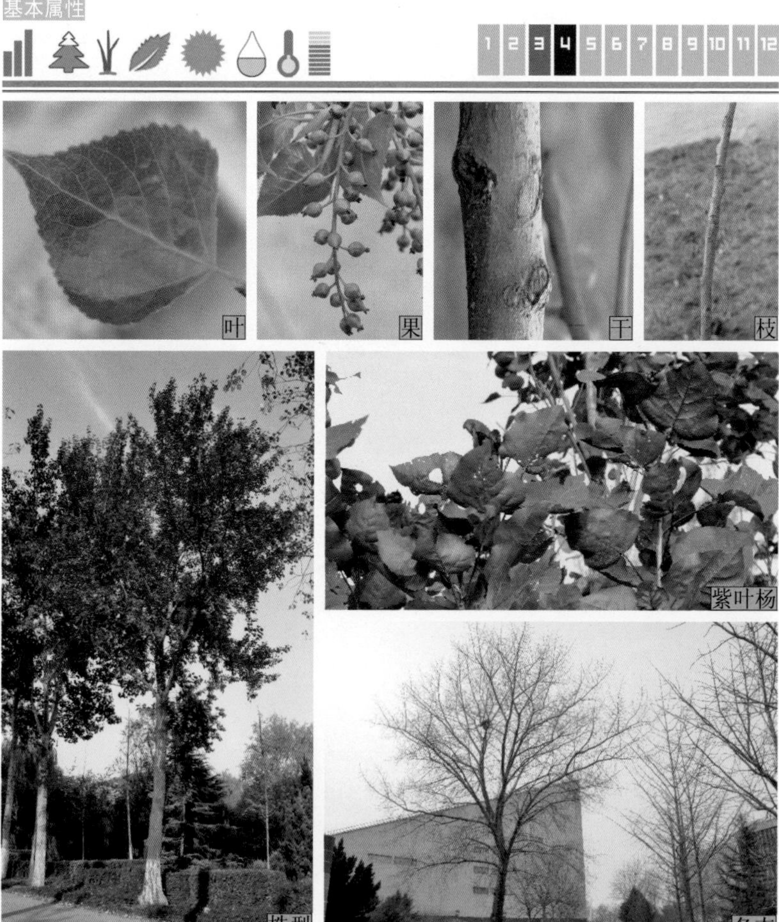


叶　果　干　枝　株型　紫叶杨　冬态

## 80. 银白杨

**学名** *Populus alba*　　**科属** 杨柳科　杨属

**产地与分布** 我国新疆天然野生分布。西北、华北、辽宁南部及西藏等地有栽培；欧洲、北非及亚洲西部、北部也有分布。

**主要识别特征** 高达30m。树冠宽阔卵形。树皮白至灰白色，基部常粗糙。小枝被白绒毛。双色叶，萌发枝和长枝上叶宽卵形，掌状3～5浅裂，长5～10cm，宽3～8cm，顶端渐尖，基部楔、圆或近心形，幼时两面被毛，成年仅背面被毛；短枝叶卵圆或椭圆形，长4～8cm，宽2～5cm；叶缘具不规则粗齿；叶柄与叶片等长或较短，被白绒毛。雌雄异株。雄花序长3～6cm，苞片长约3mm，雄蕊8～10，花药紫红色；雌花序长5～10cm，雌蕊具短尖，柱头2裂。蒴果圆锥形，2瓣裂。

**园林用途** 树形高大，叶色银白。可作庭荫树、行道树，或丛植于草坪、山坡、路边，也可用作保土、固沙，防风固堤及荒沙造林树种。

**辨识**

| 树种 | 树冠 | 树皮 | 叶 |
|---|---|---|---|
| 银白杨 | 宽阔卵形 | 粗糙，浅裂 | 叶裂较浅，先端钝尖 |
| 新疆杨 | 圆柱形 | 光滑，很少开裂 | 叶裂较深，先端尖 |

**基本属性**

## 81. 旱柳（柳树，立柳）

**学名** *Salix matsudana*　　**科属** 杨柳科　柳属

**产地与分布** 我国广泛分布，以黄河流域为中心，广布于东北、华北、西北及长江流域各省。

**主要识别特征** 高达18m。树冠卵圆至倒卵形。老树皮灰黑色，纵裂。小枝斜向上生长，一年生枝径2～3mm，黄绿或带褐色，无顶芽。单叶互生，叶披针至狭披针形，长5～10cm，先端长渐尖，基部楔形，缘有细齿；叶背微被白粉，伏生绢毛。雌雄异株。腋生柔荑花序；花多先叶开放，雌、雄花均具腺体2。种子小，被丝状细毛。

**园林用途** 树冠丰满，发芽早，落叶迟。可片植、列植、林植，可作为“四旁”绿化树种、河岸防护及沙地防护树种。园林环境中宜选雄株。

**主要品种或变种** ①绦柳 'Pendula'：枝条细长下垂，小枝黄色，无毛，叶披针形。②龙爪柳 'Tortuosa'：枝条扭曲向上。③馒头柳 'Umbraculifera'：分枝密，树梢整齐，树冠半圆形，形如馒头。

**辨识**

| 树种 | 枝 | 雌花 |
|---|---|---|
| 旱柳 | 小枝斜向上生长，黄绿或带褐色 | 2 腺体 |
| 垂柳 | 枝条细长下垂，淡褐绿或淡褐带紫色 | 仅 1 腺体 |
| 绦柳 | 枝条细长下垂，较垂柳短，黄色 | 2 腺体 |

**基本属性**

枝叶　花　枝　干　馒头柳　应用

## 82. 垂柳（水柳，倒柳）

学名 *Salix babylonica* 科属 杨柳科 柳属

产地与分布 主要分布于长江流域及其以南各省区。华北平原地区栽培。

主要识别特征 高达18m。树冠开张，倒广卵形。干皮灰黑色，不规则开裂。小枝细长下垂，淡褐绿或淡褐带紫，节间长3cm以上，光滑或微毛。单叶互生，叶狭披针形，基部楔形，有时偏斜，缘有锯齿，叶光滑无毛，背面蓝灰色；叶柄具白色细柔毛。雌花仅具1腺体。种子有毛。

园林用途 枝条纤细，柔美下垂，是岸边重要绿化树种。可孤植、列植、丛植，常作园路树、庭荫树及固堤护岸树种，也常用于工厂绿化。

基本属性

枝叶

花

枝

花

干

株型

应用

## 83. 河柳（腺柳）

学名 *Salix chaenomeloides* 科属 杨柳科 柳属

产地与分布 产于东北南部至长江中下游流域；朝鲜、日本也有分布。

主要识别特征 高达6m。树干暗灰色。小枝红褐或褐色。互生叶宽大，椭圆至椭圆状披针形，长3～13cm，先端渐尖，基部圆或阔楔形，细腺齿；叶柄长4～5cm，端部腺体2；半圆形托叶2，新叶常紫红色。雌雄异株。柔荑花序，雄蕊3～5，腺体2；雌花腺体1。蒴果卵形。

园林用途 树冠饱满，叶片肥大。常孤植、丛植、片植于水岸或湿地。

基本属性

## 84. 柿（朱果，猴枣，柿子树）

学名 *Diospyros kaki* 科属 柿树科 柿属

产地与分布 产于我国黄河流域至长江流域。

主要识别特征 高达20m。树冠近球形。树皮深灰至灰褐或灰黄褐至褐色，呈方块状裂。一年生枝暗褐色；二年生枝暗灰褐色，无毛；无顶芽，侧芽暗红褐色。单叶互生，椭圆或矩圆形，长6～18cm，革质，全缘，叶表面光绿，背面淡绿，沿脉有黄色毛。花黄白或白色。花萼及花冠均4裂，花萼宿存。大型浆果扁球、卵圆，橙黄或橘红色。

园林用途 冠大荫浓，叶色亮绿，秋叶红亮，果大而绚丽，是传统庭荫树和秋季观果树种，可孤植、丛植、林植用于草坪、山坡及风景林等。

辨识

| 树种 | 干、枝 | 叶 | 浆果 |
|---|---|---|---|
| 柿子树 | 方块状裂 | 革质，厚而宽大，椭圆或矩圆形 | 径2.5～8cm，橙黄或橘红色 |
| 君迁子 | 方块状深裂 | 厚纸质，叶长椭圆、长椭圆状卵形 | 径1.2～1.8cm，熟时橙黄变黑色 |

基本属性

1 2 3 4 5 6 7 8 9 10 11 12

枝叶

果

枝

干

株型

落叶乔木

## 85. 君迁子（黑枣，软枣）

学名 *Diospyros lotus*　　科属 柿树科 柿属

产地与分布 主产我国东北南部、华北至中南、西南各地；亚洲西部及日本也有分布。

主要识别特征 高达15m。树冠卵圆形。干皮灰黑色，深裂或厚块状裂。小枝褐色或棕色；芽卵状三角形，黑褐色。单叶互生，椭圆状卵至长圆形，长5～12cm，先端渐尖或稍突尖，基部圆至阔楔形，叶表深绿，叶背近白色；叶脉稍下陷，被灰色毛。雌雄异株。花壶形，淡黄至淡红色。浆果近球至椭圆形，径约2cm，初熟时为淡黄色，后变紫黑色，被白蜡粉。

园林用途 树干挺直，树形圆润，果实宿存，果量大，为秋冬观果树种。可孤植或丛植，适用于庭院、草坪、山坡等，也是优良的荒山造林树种。

基本属性

1 2 3 4 5 6 7 8 9 10 11 12

## 86. 玉铃花（老开皮，白云木）

学名 *Styrax obassia* 科属 野茉莉科 野茉莉属

产地与分布 产于我国辽宁、山东、安徽、浙江及江西等地；朝鲜、日本也有分布。

主要识别特征 高达14m，常灌木状。树冠卵圆形。树皮灰褐色，平滑。一年枝红褐或暗紫褐色，外皮常翘裂；柄下裸芽2～3叠生，卵球形，墨绿或黄绿色，密被绒毛。小枝上部叶较大，互生，近圆至宽椭圆形，长7～20cm；下部叶近对生，卵至椭圆形，长5～10cm，先端短尖，基部圆形，粗锯齿，表面叶脉疏被毛，背面尤密。顶生总状花序，下垂；花白或粉红色，5深裂；花萼5裂，宿存。核果卵形，长1.5～2cm，密被黄褐色星状毛。

园林用途 夏季白花下垂，形如风铃，香气宜人。可丛植、孤植、列植或片植，可作庭荫树、孤赏树等。

基本属性

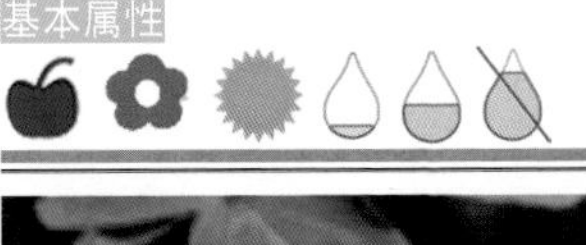

## 87. 杏（杏树）

学名 *Prunus armeniaca* 科属 蔷薇科 李属

产地与分布 产于我国东北、华北、西北、西南及长江中下游地区。现以黄河流域为中心，广泛栽培。

主要识别特征 高达8m。树冠近圆球形。干皮暗灰褐色，浅纵裂。小枝浅红褐色，光滑。单叶互生，近圆形，两面光滑；叶柄顶端有腺体。花单生，浅粉红至白色，径约2.5cm，先叶开放；梗短或近无梗；花萼降紫红色，萼片反曲。果球形或卵形，具纵沟，黄色或带红晕，有细毛；果核扁平，平滑。

园林用途 早春满树繁花先叶而开，灿若红霞，有“北梅”之称。可孤植、从植于山石崖边、庭院堂前、池边湖畔，适与苍松、绿柏、翠竹相配，也可成片林植。

主要品种或变种 ①山杏 var. *ansu*：具刺状小枝，节间长，节部叶痕不呈瘤状隆起。叶形较小，先端长尖或尾尖，基部楔或宽楔形。花多2朵生于一芽，花色粉白，果肉薄。②垂枝杏 f. *pendula*：枝条下垂。③斑叶杏 f. *variegata*：叶具斑纹。

辨识

| 树种 | 小枝 | 叶 | 花 | 萼 | 果核 |
|---|---|---|---|---|---|
| 杏 | 红褐色 | 先端短渐尖，基部圆或近心形，侧脉4～6对 | 单生，花瓣圆至倒卵形，具爪 | 花萼绛紫色，萼片反曲 | 扁平，平滑 |
| 梅 | 绿色 | 先端长渐尖或尾尖，基部楔形，羽脉8～12对 | 单生或2朵并生，花瓣圆形 | 萼筒钟状膨大，绿色为主 | 卵球形，散生凹点 |
| 李 | 褐色 | 先端渐尖或突尖，基部楔形 | 3朵聚生 | 萼筒钟状，绿色 | 果核有皱纹 |

基本属性

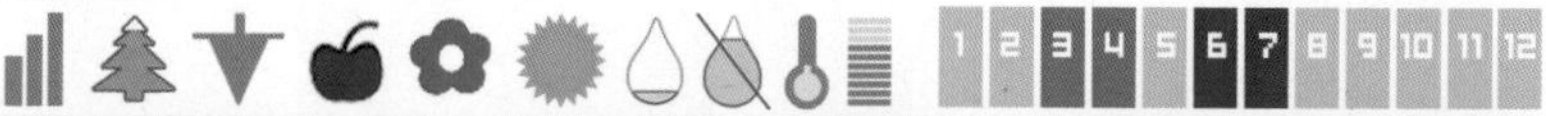

1 2 3 4 5 6 7 8 9 10 11 12

花  果  枝  干

叶  株型

## 88. 梅（干枝梅，春梅，红绿梅）

学名 *Prunus mume*　　科属 蔷薇科 李属

产地与分布 中国特产，主产于华东、华南、华中及西南地区，黄河以南广泛栽培，有2000年以上的栽培历史。

主要识别特征 高达10m。树干褐紫，纵纹裂。小枝多绿色，细而无毛，常缺顶芽。叶卵圆或宽卵圆形，先端长渐尖或尾状尖，基部楔形，缘具细锐锯齿，叶背脉及脉腋有短柔毛。单花或2朵对生，5基数，粉红或白色，芳香。小核果近球形，径2～3cm，熟时绿黄被细毛，味酸；果核有凹点。

园林用途 树姿苍劲，花形典雅，色彩丰富，香气宜人。著名中国传统花木，中国十大名花之一，与松、竹相伴合称“岁寒三友”，与兰、竹、菊合称“四君子”，与山茶、迎春、水仙合称“雪中四友”。可孤植、丛植、对植、群植，适用于庭院、草坪、公园、假山等处，也可作树桩盆景。

主要品种或变种 在陈俊愉等人研究下，梅花品种已形成2大系列、3种系、5类、18型的成熟分类体系，约300个品种，此处不作赘述。

基本属性

1 2 3 4 5 6 7 8 9 10 11 12

株型　花　枝叶　垂枝梅　绿萼梅　干

## 89. 美人梅

学名 *Prunus cerasifera* 'Pissardii' × *mume* 'Alphandi'　科属 蔷薇科　李属

产地与分布　我国东北南部以南有栽培。

主要识别特征　宫粉梅与紫叶李杂交种，性状介于二者之间。枝叶紫红色似紫叶李。叶卵形，长 5～9cm。花先叶开放，较似梅，粉红色，密集，重瓣；花梗约1cm。果紫红色，球形被白粉，径 2～3cm。

园林用途　花繁密集，花色粉红，叶色紫红，甚是美丽，是优良观花树木。可点植、丛植、片植，用于庭院、角隅、草坪，路旁及专类园，或制作盆景，可与松、竹构建“岁寒三友”的意境。

基本属性

1 2 3 4 5 6 7 8 9 10 11 12

## 90. 紫叶李（红叶李，红叶樱桃李）

**学名** *Prunus cerasifera* 'Pissardii' **科属** 蔷薇科 李属

**产地与分布** 原产中亚及中国新疆天山一带。现广泛栽培。

**主要识别特征** 高达8m。干皮紫灰色。小枝淡红褐色，均光滑无毛。单叶互生，卵圆或长圆状披针形，先端短尖，缘具尖细锯齿，羽脉5～8对，两面无毛，色暗绿或紫红。花单生或2朵簇生，白或粉红色。核果扁球形，径1～3cm，微有沟纹，无梗洼，熟时红或紫色，光亮或微被白粉，常早落。

**园林用途** 干枝广展，红褐色而光滑，叶自春至秋呈红色，以春季最为鲜艳，花小，白或粉红色，是北方主要常色叶树种。

**辨识**

| 树种 | 叶 | 花 | 果 |
| --- | --- | --- | --- |
| 紫叶李 | 具尖细锯齿，暗绿褐色或暗紫红 | 白或粉白色，径1.2～1.5cm | 红色 |
| 紫叶矮樱 | 不整齐细钝齿，紫红色，先端长渐尖 | 淡粉青色，径约1cm | 紫红色 |

**基本属性**

## 91. 桃（毛桃）

学名 *Prunus persica* 科属 蔷薇科 李属

产地与分布 主产于我国东北南部及内蒙古以南地区，西至宁夏、甘肃、山西、四川、云南，南至福建、广东等地。有3000年的栽培历史，平原及丘陵地区广泛栽培。

主要识别特征 高达10m。干灰褐色。小枝红褐或褐绿色，无毛；芽密被灰色绒毛，常3芽并生，中间为叶芽，两侧为花芽。叶椭圆状披针形，先端渐尖，基部阔楔形，缘具细锯齿；叶柄具腺体。花单生叶腋，粉红色，花梗极短，先叶开放；花萼密被绒毛。果卵球或椭球形，果肉厚，多汁，表面被毛；果核两侧扁，顶端锐尖，有深沟纹及孔穴。

园林用途 品种繁多，树形多样，春季开花，芳菲烂漫，是常见的传统花木。适宜丛植于山坡、河畔、石旁、墙角、庭院及草坪边缘等，或与柳树相间栽植形成“桃红柳绿”的景观效果，也可用于营建专类园。

主要品种或变种 品种繁多，主要包括食用桃和观赏桃2大类，常见观赏桃主要有：寿星桃（var. *densa*），植株矮小，枝条节间极缩短；白桃（f. *alba*），花白色，单瓣；白碧桃（f. *albo-plena*），花白色，重瓣；碧桃（f. *duplex*），花粉红色，重瓣或半重瓣；绛桃（f. *camelliaeflor*），花深红色，重瓣；绯桃（f. *magnifica*），花鲜红色，重瓣；洒金碧桃（f. *versicolor*），一树开两色花甚至一朵花或一个花瓣中两色；垂枝碧桃（f. *pendula*），枝条下垂，花有红、粉、白等色；紫叶桃（f. *atropurpurea*），叶片紫红色，上面多皱折，花粉红色，单瓣或重瓣；塔形碧桃（f. *pyramidalis*），树冠塔形或圆锥形。

辨识

| 种类 | 干枝 | 叶 | 花萼 | 果 |
|---|---|---|---|---|
| 桃 | 干灰褐色，小枝褐红或褐绿色 | 椭圆状披针形，中部最宽 | 有毛 | 卵球或椭球形，径5～7cm；果厚，多汁；核两侧扁，顶锐尖 |
| 山桃 | 干亮暗红色，具横向环纹，纸状脱落，小枝红褐色 | 椭卵状披针形，基部最宽 | 无毛 | 近球形，径约3cm；肉薄而干燥；核圆球形 |

基本属性

1 2 3 4 5 6 7 8 9 10 11 12

花蕾

花

枝叶

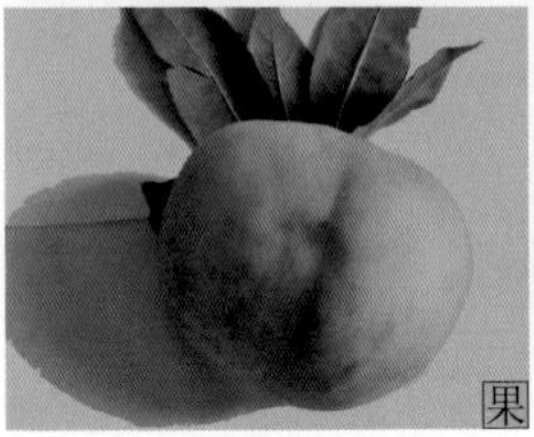

果

株型

干

紫叶碧桃 紫叶碧桃 垂枝桃

白碧桃 照手桃

红碧桃 菊花桃 照手桃

寿星桃 撒金碧桃

## 92. 山桃（野桃，山毛桃）

学名 *Prunus davidiana* 科属 蔷薇科 李属

产地与分布 主产我国黄河流域，东北、西南也有分布。

主要识别特征 高达10m。树冠倒卵或圆形。树皮暗紫红色（深铜红色），平滑，有光泽，具横向环纹，老时纸质剥落。叶长卵状披针形，长6～12cm，中下部最宽，先端长渐尖，基部宽楔形。花单生，径2～3cm，淡粉红或白色，先端钝圆或微凹，基部具爪；花萼筒钟形，萼裂片卵形，先端尖，紫红色，外无毛；早春叶前开花。核果近球形，密被短毛，有沟，成熟淡黄色，果肉薄、干燥；果核扁球形，两端钝圆，具孔穴和沟纹。

园林用途 枝叶扶疏，干红叶绿，北方早春重要花木。可孤植、丛植、林植，栽植于草坪、水岸、山坡等地，适用于庭院、公园等，也可用于专类园。

主要品种或变种 ①白花山桃 'Alba'：花白色，单瓣。②红花山桃 'Rubra'：花深粉红色，单瓣。

基本属性

1 2 3 4 5 6 7 8 9 10 11 12

## 93. 山樱花（樱花，野生福岛樱）

学名 *Prunus serrulata* 科属 蔷薇科 李属

产地与分布 原产日本。华北各地城市多有引进栽培。

主要识别特征 高可达25m。树冠扁圆形。干皮暗栗褐色，光滑有光，具横纹及棕红色皮孔。小枝光滑。单叶互生，卵状椭圆或椭圆状披针形，长4～10cm，先端近尾尖，缘具芒状单或重锯齿，齿端有腺质芒齿，褐色幼叶对折；叶柄有2～4腺体。花单瓣或重瓣，白或粉红，径2～5cm；花叶同放。核果卵状球形，径6～8mm，果成熟黑色。

园林用途 同日本樱花。

辨识

| 树种 | 干皮 | 叶 | 叶柄 | 花 |
|---|---|---|---|---|
| 樱花 | 暗栗褐色 | 先端近尾尖，缘具芒状单或重齿，端腺质芒状 | 叶柄有2～4腺体 | 单瓣或重瓣，白或粉红；花叶同放 |
| 日本樱花 | 暗灰色 | 缘具不规则尖锐重齿 | 叶柄端腺体有1～2 | 单瓣，花梗有细毛，先端微凹；先叶开放 |
| 晚樱 | 暗灰色 | 先端渐尖或尾尖，缘具芒状细尖重齿，端具腺齿 | 叶柄上端有2腺体 | 多重瓣；先叶开放或同放 |

基本属性

1 2 3 4 5 6 7 8 9 10 11 12

## 94. 日本樱花（东京樱花，江户樱花）

学名 *Prunus yedoensis* 科属 蔷薇科 李属

产地与分布 原产日本。我国现广泛栽植。

主要识别特征 高达16m。树冠阔卵至近半圆形。树皮暗灰色，平滑或浅裂，具明显横纹及皮孔。一年生枝栗褐或棕黄色；二年生枝灰黄色；短枝明显。叶卵状椭圆至倒卵状椭圆形，长5～10cm，先端渐尖或尾尖，基部阔楔或近圆形，缘具细芒状尖锐重锯齿，较短，叶背沿脉及叶柄被柔毛，齿尖有腺，幼叶对折；叶柄长1.5～2.5cm，近叶基处有2腺体。花5～6朵成伞形或短总状花序；总花梗极短；花先端凹缺，有香气，叶前开放。果球形，成熟黑色，径约1cm。

园林用途 先叶开放，色彩明亮，花量颇丰，是早春主要花木。可孤植、丛植及林植，适用于孤赏树、庭荫树、园路树，也可用于专类园。

基本属性

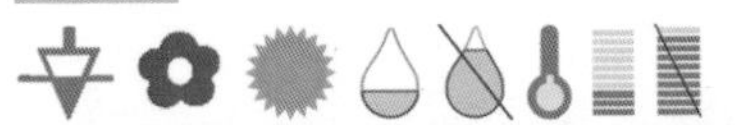

叶

秋叶

花

应用

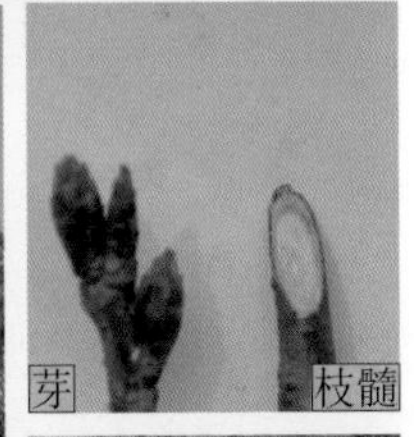
芽 枝髓

干

## 95. 日本晚樱（里樱）

学名 *Prunus serrulata* var. *lannesiana* 科属 蔷薇科 李属

产地与分布 原产日本。我国中部广泛栽植。

主要识别特征 高达10m。树冠圆或椭圆形。干皮浅灰色，较粗糙。新叶多少红褐色，无毛；叶倒卵形，长5～15cm，宽3～8cm，先端渐尖或呈尾状，缘具芒状锯齿；叶柄长1～2.5cm，端具1对腺体。伞房花序；花大而芳香，径3～5cm，多重瓣，常下垂，粉红或近白色。核果卵形，光亮，熟时黑色。

园林用途 树形美观，春叶褐红，花大重瓣，花期长，适于群植、孤植或林植，常用于庭院或建筑物旁，也是樱花园的主要构成树种。

主要品种或变种 ①粉白晚樱 'Albo-rosea'：花初开粉红或变白色。②郁金晚樱 'Grandiflora'：花初开绿色后变黄绿。③御衣黄晚樱 'Gioiko'：花淡绿黄色，花瓣基部红色。④牡丹晚樱 'Botanzakura'：幼叶古铜色；花粉红色，重瓣。

基本属性

1 2 3 4 5 6 7 8 9 10 11 12

## 96. 欧洲甜樱桃（欧洲樱桃，烟台大樱桃）

学名 *Prunus avium*　　科属 蔷薇科 李属

产地与分布 分布于欧洲及西亚。我国华北、东北多栽培。

主要识别特征 高达20m。树冠卵形至圆锥形。树皮灰褐色，具横生皮孔及横裂皮膜。小枝淡红褐色；冬芽卵形，暗褐色。叶卵、倒卵至椭圆形，长6～15cm，先端渐尖或突尖，基部阔楔或圆形，缘具细钝锯齿，齿端具腺体，叶脉下陷，无毛；叶柄基部具腺体1～6。伞形花序，具花2～4朵，径2.5～3.5cm，花瓣倒卵形，白色；总梗极短，基部具反曲的宿存芽鳞。核果卵形至球形，红、暗红或黄色，径1～2.5cm。

园林用途 春天白花满树，夏季红果累累，秋季叶色黄红，观赏价值极高。可孤植、丛植或片林用于庭院、草坪、路边等，是樱园的组成树种。

辨识

| 树种 | 叶 | 花及花梗 | 果 |
|---|---|---|---|
| 樱桃 | 缘具大小不等尖锐重锯齿，齿端无芒而具腺体 | 长约1.5cm，被短柔毛 | 卵或近球形，径约1cm，鲜红或橘红 |
| 樱花 | 先端近尾尖，缘具芒状单齿或重锯齿，齿端腺质芒状 | 较长，约3～4cm | 小卵状球形，径约0.6cm |

基本属性

枝叶

花

果

应用

枝

干

## 97. 山楂（酸梅子，酸查，山梨果）

学名 *Crataegus pinnatifida*　　科属 蔷薇科　山楂属

产地与分布　主产我国东北、内蒙古、华北至江苏、浙江；俄罗斯、朝鲜也有分布。

主要识别特征　高达6m。树冠阔卵至扁圆形。树皮灰褐或暗灰色，浅纵裂。具枝刺或无，刺长1～2cm；具长、短枝；一年生枝微棱，黄褐或紫褐色，向阳面紫红色，无毛，散生灰白椭圆皮孔；二年生枝灰绿色。叶宽卵或三角状卵形，长5～10cm，羽状深裂，裂片披针形，不规则尖锐重锯齿。顶生伞房花序，花白色，径约1.5cm。果近球形，成熟深红色，皮孔白色，径1～2.5cm。

园林用途　初夏满树银花，仲秋红果累累，是北方主要的观花、观果绿化树种。可孤植、对植、丛植、林植于草坪、山坡等各类绿地。

辨识

| 树种 | 叶 | 果 |
|---|---|---|
| 山楂 | 稍小，羽状深裂 | 较小，径1 ～ 1.51cm |
| 山里红 | 较大，羽裂较浅 | 较大，径约 2.5cm |

基本属性

1 2 3 4 5 6 7 8 9 10 11 12

枝叶　花　果

枝

干

应用

## 98. 花楸树（百花花楸，马加木，红果臭山槐）

学名 *Sorbus pohuashanensis* 科属 蔷薇科 花楸属

产地与分布 原产于欧洲大部分地区及我国东北、西北及华北地区。

主要识别特征 高达8m。树冠近球形。树皮灰褐色，不裂，老时浅纵裂。奇数羽状复叶，小叶11～15对，基部和顶部的小叶片常稍小，卵状披针或椭圆状披针形，长3～5cm。复伞房花序，密集，花瓣白色，宽卵或近圆形，先端圆钝，径约1cm。果近球形，红或橘红色。花萼宿存。

园林用途 花果俱美，入秋果实红艳，具有很高的观赏价值。宜丛植、点植于庭院、林缘及风景林中。

辨识

| 树种 | 叶片 | 花序 | 果色 |
|---|---|---|---|
| 花楸树 | 有毛 | 密集，有毛 | 红色 |
| 北京花楸 | 光滑 | 较稀疏，无毛 | 黄或白色 |

基本属性

## 99. 木瓜（木梨，铁脚梨）

**学名** *Chaenomeles sinensis*　　**科属** 蔷薇科　木瓜属

**产地与分布** 产于黄河以南至华南各省区。各地广泛栽培。

**主要识别特征** 高达10m。干皮薄片状剥落，光滑，老树有疣状突起。一年生枝多紫红色，微被柔毛或无毛；二年生枝紫褐色；短枝先端常成刺状。单叶互生，厚革质，椭圆状卵形，长5～8cm，先端急尖，叶缘具刺芒状锯齿；叶柄短，微被毛。单花腋生，粉红色，径2.5～3cm。梨果椭圆形，长10～15cm，熟时暗黄色，光滑，木质，有香气。

**园林用途** 树皮斑驳，黄绿相间，春季花色粉红，秋季果大呈金黄色，芳香宜人，良好的观赏花木。可孤植、对植、丛植于公园、庭院等环境。

**基本属性**

## 100. 木瓜海棠（毛叶木瓜，木桃）

学名　*Chaenomeles cathayensis*　　科属　蔷薇科　木瓜属

产地与分布　原产我国陕西、甘肃、江西、湖北、湖南、四川、云南、贵州、广西。

主要识别特征　高达6m。常灌木状。干皮灰黑色，光滑。枝条直伸，具短枝刺；小枝紫褐色，无毛。叶革质，椭圆、披针至倒卵状披针形，长5～11cm，先端急尖或渐尖，基部楔或宽楔形，具芒状细锯齿或近全缘；托叶肾形、耳形或半圆形，具芒状锯齿，背面和幼叶背面被褐色绒毛。先叶开花，2～3簇生，花瓣倒卵或近圆形，淡红或白色；花梗粗短或近无梗。果卵球或近圆柱形，先端突起，长8～12cm，黄色有红晕，芳香。

园林用途　树形开阔，枝条挺直，春季先叶开花，花红叶绿，果大芳香，是优良花果树种。可点植、丛植于庭院、山坡、路旁及草坪边缘、林缘等环境。

基本属性

## 101. 垂丝海棠（垂枝海棠）

学名 *Malus halliana*　　科属 蔷薇科　海棠属

产地与分布　中国特产植物，产于我国西南部及江浙区域。现广泛栽培。

主要识别特征　高达5m。树冠疏散，广卵形。干皮紫褐色，平滑。小枝紫褐色，嫩时有毛，略呈之字形曲折；顶芽卵形，紫红色。叶卵至长卵形，长3.5～8cm，基部楔形，锯齿细而钝圆，叶质较厚硬；新叶紫红色。4～7朵花组成伞形花序，初开鲜玫瑰红色，后粉红色；花梗细长下垂；花萼裂片三角状卵形，与萼筒等长或短。果倒卵形，径6～8cm，紫色，萼脱落。

园林用途　树姿婀娜，花繁色艳，多朵下垂，是著名观赏花木。一般丛植或孤植于草坪、池畔、屋前、墙角等环境。

主要品种或变种　①重瓣垂丝海棠var. *parkmanii*；②白花垂丝海棠var. *spontanea*；③斑叶垂丝海棠 'Variegata'。

辨识

| 树种 | 枝 | 叶 | 花 | 果色 |
|---|---|---|---|---|
| 垂丝海棠 | 小枝柔细略垂，初有毛；全株呈紫红或紫褐色 | 锯齿细钝 | 花梗细长下垂，萼片≤萼筒，萼片三角状卵形 | 紫 |
| 山定子 | 小枝细而无毛 | 锯齿细尖、整齐 | 萼片＞萼筒，萼片披针形 | 红或黄 |
| 湖北海棠 | 枝硬直斜出 | 锯齿不规则细尖 | 萼片≤萼筒，萼片卵状三角形 | 黄绿 |

基本属性

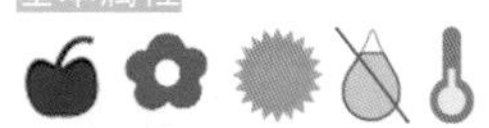

花　果　枝叶　株型　白花垂丝海棠　重瓣垂丝海棠

## 102. 山定子（山定子，山丁子）

学名 *Malus baccata* 科属 蔷薇科 海棠属

产地与分布 产我国东北及黄河流域各地。

主要识别特征 高达14m。树冠宽卵形。树皮灰褐色，薄片状开裂。一年生枝略呈之字形，红褐色；顶芽中上部红或紫红色，基部棕黄色。单叶互生，卵状椭圆形，长3～8cm，先端渐尖，基部楔形，锯齿细尖整齐，幼叶在芽中呈席卷状或冬芽对折状；有叶柄和托叶。伞形总状花序；花白、浅红至艳红色，直径2～3.5cm，花瓣倒卵形；花萼披针形，长于萼筒。果近球形，5子房室，径约1cm，红或黄色，萼片脱落，萼洼有圆形锈斑；果柄长3～4cm。

园林用途 树姿优雅，花繁叶茂，白花绿叶，红枝映托，是美艳的优良观赏树种。可孤植、丛植或林植，用于庭院、草坪、山坡或路边。

基本属性

1 2 3 4 5 6 7 8 9 10 11 12

## 103. 湖北海棠（泰山海棠，甜茶果）

学名 *Malus hupehensis*　　科属 蔷薇科　海棠属

产地与分布　分布于我国华东、华中、西北及西南，在山东泰山海拔1300m处有栽培。

主要识别特征　高达8m。树冠张开，卵圆形。树皮灰褐至暗褐色，平滑或略粗糙。小枝坚硬，紫或紫褐色；冬芽卵形，暗紫色，疏毛。叶卵至卵状椭圆形，长5～10cm，先端渐尖，基部宽楔形，接近圆形，缘具细锐尖锯齿，叶表幼时常呈紫红色，具短柔毛，后脱落。伞房花序由4～6朵花组成，花径3.5～4cm，花瓣倒卵形，粉白或近白色；萼片三角状卵形，等于或略短于萼筒，全缘；花梗细弱下垂。果球形，3～4子房室，径约1cm，红色，稀黄绿色带红晕，萼片脱落。

园林用途　植株开展，花蕾粉红，花开粉白，果小而红，是良好的观花果树种。可孤植、丛植或群植，常用于庭院、草坪、山坡等，是海棠园主要组成种类。

基本属性

果

应用

## 104. 海棠花（梨花海棠，海棠）

学名 *Malus spectabilis* 科属 蔷薇科 海棠属

产地与分布 中国原产，西北、华北、华东、中南、西南地区均有栽培分布。

主要识别特征 高可达8m。树冠圆柱形。树皮灰褐色，平滑，老树薄片状开裂。枝条多上耸，小枝红褐色。叶椭圆至卵状长椭圆形，缘具紧贴细锯齿，两面光滑无毛。花蕾深粉红色；花淡粉红至白色；萼片较萼筒稍短，三角状卵形。梨果约2cm，黄色，萼宿存；果梗在近果处膨大，无梗洼。

园林用途 著名传统花木，观赏价值极高。可孤植、丛植、对植或群植于庭院、门旁、亭廊周围或草地、林缘。

主要品种或变种

①重瓣粉海棠 'Riversii'：花叶较大，花粉红色，重瓣。②重瓣白海棠 'Albiplena'：花白色，重瓣。

辨识

| 树种 | 小枝颜色 | 花、花萼 | 果 |
|---|---|---|---|
| 海棠花 | 红褐 | 4 ~ 6 朵簇生，淡粉红至白色；萼宿存或否 | 黄色，径约 2cm，无梗洼 |
| 海棠果 | 灰黄褐 | 4 ~ 10 朵簇生，白色；萼宿存 | 红色，径 2 ~ 2.5cm，具梗洼 |
| 西府海棠（小果海棠） | 紫褐或暗褐 | 淡粉红色；萼脱落 | 红色，径 1 ~ 1.5cm，具梗洼 |

基本属性

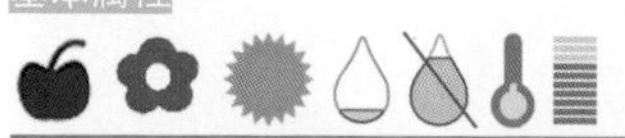

花

果

株型

花苞

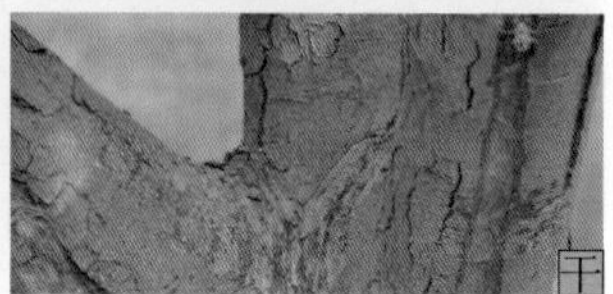
干

## 105. 海棠果（楸子，八棱海棠，红海棠果，沙果，海红，柰子）

学名 *Malus prunifolia* 科属 蔷薇科 海棠属

产地与分布 分布于我国华北、东北南部、西北。

主要识别特征 高达8m。树皮灰褐色，老树薄片状开裂。一年生枝棕红色，幼时密被绒毛，具黄白色椭圆形皮孔；二年生枝灰黄褐色；顶芽卵形，紫红色。叶卵至椭圆形，长5～9cm，先端渐尖或急尖，基部宽楔形，缘有细锐锯齿。花4～10朵簇生，白色，含苞时粉红色；花萼裂片长于萼筒，宿存。果卵形，直径2～2.5cm，红色，肥厚；果梗细长，具梗洼。

园林用途 蕾红花白，果红中略带黄，是优良的观花果树种。适于丛植、群植、点植于庭院、草坪、山坡、水边等。

基本属性

## 106. 西府海棠（小果海棠，海红，子母海棠）

学名 *Malus micromalus* 科属 蔷薇科 海棠属

产地与分布 原产我国东北南部、华北、西北及云南。

主要识别特征 高达7m。树形幼树峭立，老树开阔。树皮褐或灰褐色，浅裂。一年枝紫红或红褐色，初被毛，后脱落；二年生枝紫灰色；有长短枝；顶芽卵形，紫红褐色。叶片椭圆至长椭圆形，长5～10cm，先端急尖或渐尖，基部楔形，缘具尖锐锯齿。4～7朵花组成伞形总状花序，径约4cm，花瓣近圆至长椭圆形，粉红色，未开时深玫红色；萼片近等长于萼筒。果扁球形，径1.5～2cm，红色；萼洼、梗洼下陷，萼片多数脱落。

园林用途 花蕾鲜红，花粉果红，观赏价值高，是北方庭院传统花木，与迎春、牡丹、桂花一起寓意“春棠富贵”。可孤植、对植、丛植、林植于庭院、草坪、山坡等。

基本属性

1 2 3 4 5 6 7 8 9 10 11 12

## 107. 苹果（柰，西洋苹果）

学名 *Malus pumila*　　科属 蔷薇科 苹果属

产地与分布 原产欧洲、亚洲中部。温带重要果树，我国主要栽培于东北南部、华北至长江流域、西北、西南地区。

主要识别特征 高达15m。树冠开阔成球或近半球形，栽培品种主干短。小枝紫褐色；幼枝、幼叶、芽、花梗及萼筒密被绒毛。叶椭圆至卵形，长5～10cm，先端急尖，基部宽楔或圆形，圆钝锯齿。伞房花序；花白或带粉红，径3～4cm；萼裂片较萼筒长；花柱5，基部密被灰白色绒毛；花梗长1～2.5cm。果扁球形，径5cm以上，顶端常隆起，萼洼下陷；果梗较粗短，萼片宿存。果型、色泽、大小因品种而异。

园林用途 品种多样，花繁似锦，秋果累累为著名的果树。可孤植、丛植、列植、林植，常用于庭院、草坪、园路及风景区绿化，还可制作盆景。

基本属性

1 2 3 4 5 6 7 8 9 10 11 12

叶　花　果　干　枝

株型

## 108. 杜梨（棠梨）

学名 *Pyrus betulifolia* 科属 蔷薇科 梨属

产地与分布 产于我国的东北南部、内蒙古、黄河流域至长江流域各省区。

主要识别特征 高达10m。树皮灰黑色，呈小方块状开裂。小枝常具枝刺，短枝与枝条常呈约90°夹角。全株幼嫩部分及花各部（花瓣除外）均密被灰白绒毛。叶菱状长卵形，长5～8cm，先端渐尖或长渐尖，基部宽楔形，缘具粗尖齿，无刺芒。伞形花序，白色花瓣5；雄蕊约为花瓣1/2长，花药红色。果近球形，径约1cm，褐色，皮孔淡褐色，萼脱落。

园林用途 树冠开张，叶片美丽，花开如白雪覆盖，结果如粒粒铜豆，十分美观。常孤植、丛植或林植于公园、庭院，或者营造防护林带、沙荒造林、盐碱地造林等。

辨识

| 树种 | 枝 | 叶 | 花 |
|---|---|---|---|
| 杜梨 | 幼密被灰白绒毛 | 菱状长卵形，缘具粗尖齿；密被灰白绒毛 | 密被灰白绒毛 |
| 豆梨 | 幼有毛，后光滑 | 广卵至椭圆形 | 花梗有疏毛或无毛 |

基本属性

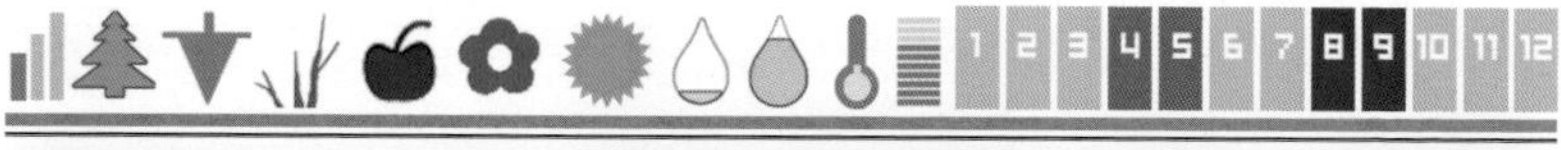

1 2 3 4 5 6 7 8 9 10 11 12

花

幼叶

叶

果

干

枝

应用

冬态

## 109. 豆梨（野梨，鹿梨，棠梨树，赤梨，糖梨）

学名 *Pyrus calleryana* 科属 蔷薇科 梨属

产地与分布 原产华北各山区及平原，西北、东北也有。

主要识别特征 高达8m。常具枝刺，一年生枝红褐色，无毛，皮孔稀疏，淡黄色；顶芽卵形，红褐色，有毛。叶宽卵圆至卵圆形，长4～8cm，宽3.5～6cm，先端渐尖，基部圆至宽楔形，缘具细钝锯齿，两面无毛。伞房状总状花序，花径2～2.5cm，卵圆形花瓣白色；萼片披针形，稍短于萼筒；花药紫红色。果球形，径约1cm，黑褐色，皮孔浅褐色，萼脱落。

园林用途 同杜梨。

主要品种或变种 毛豆梨f. *tomentosa*：小枝、嫩叶、花序梗、花柄及花萼外均有绒毛。

基本属性

1 2 3 4 5 6 7 8 9 10 11 12

## 110. 白梨（白挂梨，罐梨）

学名 *Pyrus bretschneideri* 科属 蔷薇科 梨属

产地与分布 分布于我国东北南部至黄淮平原。

主要识别特征 高达8m。树皮灰黑色，呈小方块状裂，嫩枝铁灰色，幼枝、幼叶、叶柄及花梗幼时均密被毛，后脱落。叶卵至椭圆状卵形，长5～11cm，先端渐尖，基部阔楔或近圆形，芒状锯齿；幼叶棕红色。伞形花序，白色花径约2～3.5cm。梨果倒卵或近球形，黄色，径5～10cm，皮孔细密，萼片脱落。

园林用途 花白如雪，黄果灿灿，为优良果树。可孤植、丛植、列植，常用于庭院、园路、草坪、水岸及风景区绿化。

基本属性

1 2 3 4 5 6 7 8 9 10 11 12

## 111. 合欢（绒花树，马樱花，夜合槐）

学名 *Albizia julibrissin* 科属 豆科（苏木科）合欢属

产地与分布 主产黄河流域以南。北京、陕西秦岭、甘肃天水、辽宁大连均有栽培。

主要识别特征 高达12m。树冠扁圆，呈不整齐伞形。干皮灰褐色，平滑或有浅裂。一年生枝灰绿或淡黄绿色，微有棱，皮孔浅褐色，明显；二年生枝灰色；侧芽宽卵或近球形，栗褐色。二回偶数羽状复叶，日开夜合；具羽片4～12对，每羽片具小叶10～30对，小叶长6～12mm，先端急尖具小尖头，全缘、镰刀形，主脉偏一侧；叶柄具1腺体。头状花序伞房状，花丝多而长，粉红至玫红色，伸出花冠外。荚果扁平带状，长10～17cm，黄褐色不裂。

园林用途 树形多姿，叶形雅致，夏季繁花点点，花红色艳，优良夏季花木。适宜作庭荫树、行道树等，可配植于草坪、房前、林缘、坡地等。

基本属性

1 2 3 4 5 6 7 8 9 10 11 12

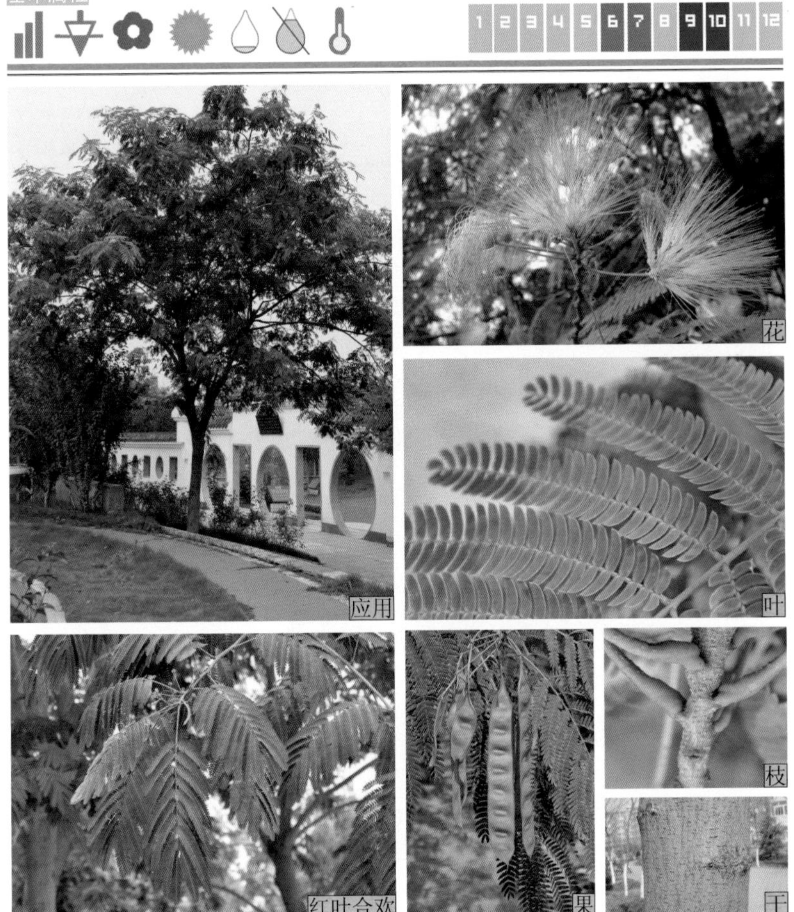

## 112. 山合欢（山槐，白合欢）

学名　*Albizia kalkora*　　科属　豆科（苏木科）合欢属

产地与分布　产我国黄河流域及其以南各省；印度、越南及缅甸也有分布。

主要识别特征　高达20m。树冠广卵形。树皮灰褐至黑褐色，幼树皮平滑，老时浅纵裂。一年生枝褐色，有细纵棱，皮孔淡褐色，被短柔毛；二年生枝灰褐色；侧芽单生或2枚叠生，宽卵形，短柔毛。二回偶数羽状复叶，羽片2～4对，小叶5～14对，条状矩圆形，长1.5～4.5cm，中脉显著偏向叶片上侧，两面密生灰白色短柔毛；总叶柄近基部及叶轴端各具1个密被黄绒毛的腺体。头状花序2个以上排成伞房状；雄蕊花丝淡黄或白色。荚果赤褐色，长7～17mm，宿存。

园林用途　树姿优美，夏花素雅清新。可丛植、孤植于庭院、溪边、路旁、山坡等。

辨识

| 树种 | 羽片 | 小叶 | 花丝 |
|---|---|---|---|
| 合欢 | 4～12对 | 10～30对，镰刀形，6～12mm | 粉红至玫红色 |
| 山合欢 | 2～4对 | 5～14对，矩圆形，1.5～4.5对 | 花丝淡黄或白色 |

基本属性

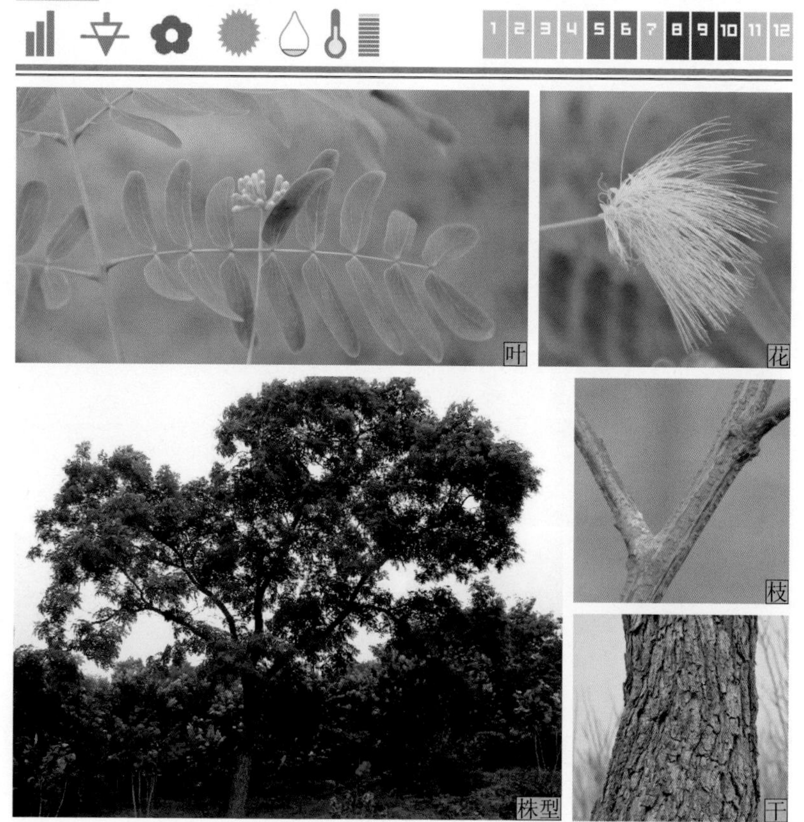

叶　花　株型　枝　干

## 113. 加拿大紫荆

学名 *Cercis canadensis* 科属 豆科（假蝶形花科）紫荆属

产地与分布 原产美国东部和中部地区。我国北自华北，南至云南、广东、广西北部栽培。

主要识别特征 高达15m。树冠伞形。树干笔直，干皮深灰色，粗糙，老树皮鳞状剥落。小枝条红褐色。心形单叶互生，新生叶呈浅红紫色，以后渐转为深绿色，具有光泽，秋季落叶前，叶色有金黄、黄绿、橘红、紫红色。先叶开花，假蝶形，花冠扁平，圆形，粉至紫红色，簇生或呈总状花序。荚果扁平，具薄壁，4～10cm，红褐色。

园林用途 春初先叶开花，花簇繁茂。新叶褐红，夏叶墨绿，秋叶斑斓，鲜艳夺目。可孤植、对植、点植、丛植、群植于庭院、公园，也可配植于路边。

主要品种或变种 紫叶（红叶）加拿大紫荆 'Forest Pansy'：花色粉红，先叶开放，花期3～4月；叶大，心形，初展叶为亮紫红色，夏季为紫红色，秋季落叶前逐渐褪色，为绿紫色。

基本属性

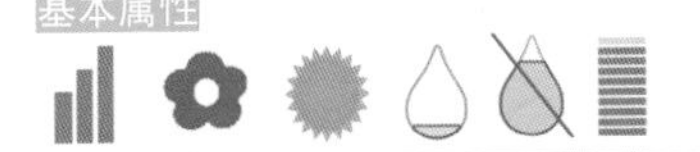

## 114. 巨紫荆（天目紫荆）

**学名** *Gercis gigantea* **科属** 豆科（假蝶形花科）紫荆属

**产地与分布** 产于浙江天目山。现长江、黄河流域常见栽培。

**主要识别特征** 高达20m。树皮灰黑色，粗糙，皮孔淡灰色。一年生枝黑褐色；二年生枝灰黑色。叶近圆形，长6～13.5cm，先端短尖，基部心形，边缘全缘，透明，表面光滑，叶背基部有淡褐色簇毛；叶柄长2～4.5cm。先叶开花，7～14朵簇生老枝上，淡红或淡紫红色。荚果紫红色，长6.5～14cm。

**园林用途** 树干挺直，先花后叶，春季红花，秋季红果，具有较高观赏价值，是优良观果花木。可孤植、列植、丛植及林植，适用于庭院、道路、山坡、草坪等。同时，巨紫荆具有根瘤菌，可改良土壤理化性质，提高土壤肥力。

**辨识**

| 树种 | 性质 | 皮干 | 一年生枝 | 叶 | 花色及花序 | 果色 |
|---|---|---|---|---|---|---|
| 加拿大紫荆 | 乔木 | 深灰色 | 红褐色 | 新叶紫红色，秋落叶前为绿色、黄绿 | 粉至紫红，紧密 | 绿变枯褐 |
| 巨紫荆 | 乔木 | 灰黑色 | 黑褐色 | 绿色 | 淡紫红，松散 | 绿变紫红 |
| 紫荆 | 灌木 | 灰白色，密细点皮孔 | 淡褐至褐色 | 绿色 | 紫红色，紧密 | 绿变枯褐 |

**基本属性**

1 2 3 4 5 6 7 8 9 10 11 12

## 115. 皂荚（皂角）

**学名** *Gleditsia sinensis* **科属** 豆科 皂荚属

**产地与分布** 分布于华北、东北、华中、华南、西北、西南等地区。

**主要识别特征** 高达30m。干皮灰黑或暗灰色，粗糙。一年生枝径2.5～4.5mm，灰绿色；二年生枝常“之”字形，节部膨大，灰色，皮孔显著；干及枝条常具粗硬的圆锥状分枝刺；冬芽常叠生。一回偶数羽状复叶，小叶3～7对互生，基部稍偏斜，缘有细齿，背面中脉、叶轴及叶柄被白短柔毛。总状花序腋生，冠黄白色；萼钟状被绒毛；花梗密被绒毛。荚果平直肥厚，长10～20cm，熟时黑褐色，被霜粉，木质。

**园林应用** 高大雄伟，叶密荫浓，花色黄白，果色紫黑，具有一定观赏价值。可孤植、丛植、列植或群植，适用于广场、草坪、河畔、池边、建筑周围等。

**辨识**

| 树种 | 性质 | 枝刺 | 枝 | 荚果 |
|---|---|---|---|---|
| 皂荚 | 乔木 | 多粗硬分枝，圆 | 一年灰绿色；二年常之字形 | 平直肥厚 |
| 山皂荚 | 乔木 | 分枝，扁圆 | 小枝灰绿色，表皮早期剥落 | 纸质条形扭曲，棕黑 |
| 野皂荚 | 灌木 | 细小，分枝无或少 | 当年生枝密被灰黄色短柔毛 | 短小，种子少，1~3粒 |

**基本属性**

## 116. 山皂荚（山皂角，日本皂荚）

学名 *Gleditsia japonica*　　科属 豆科 皂荚属

产地与分布 分布于我国辽宁以南至安徽、江浙等地；日本、朝鲜也有分布。

主要识别特征 高达14m。树冠阔圆形。树皮粗糙，深灰色，皮孔明显。小枝灰绿色，2～3年生枝节部膨大；分枝刺粗壮扁平，紫褐色；侧芽叠或单生，棕褐色。一回至二回羽状复叶，长10～25cm，一回羽状复叶常簇生，小叶6～11对，卵状长椭圆至长圆形，长2～6cm，先端钝尖或微凹，基部阔楔至圆形，稍偏斜，边缘有细锯齿，稀全缘；二回羽状复叶具2～6对羽片，小叶3～10对，卵或卵状长圆形，长约1cm。雌雄异株。花黄绿色；雄花为细长总状花序；雌花为穗状花序。荚果带状，长20～36cm，棕黑色，常不规则扭转。

园林应用 同皂荚。

基本属性

叶　果　枝刺　应用　干

## 117. 美国肥皂荚（北美肥皂荚）

学名 *Gymnocladus dioicus* 科属 豆科 皂荚属

产地与分布 原产北美。我国现许多城市引种栽培。

主要识别特征 高达30m。树冠倒卵至扁圆形。树皮粗糙，较厚，灰色，老树皮片状剥裂或翘裂。一年生枝粗壮，红褐色，被白色蜡层，圆形皮孔明显；侧芽2～3个叠生，半球形。二回羽状复叶互生，羽片2～7对，上部羽片具小叶3～7对，最下部常减少成1片小叶；小叶卵至卵状椭圆形，长5～8cm，先端锐尖，基部偏斜，全缘。雌雄异株。雌株顶生圆锥花序；雄株花簇生，花白绿色。荚果矩圆状镰形，长10～25cm，宽3.5～5cm，暗褐或红褐色，肥厚肉质。

园林用途 树冠扁圆，干挺直，可孤植、丛植、群植或列植，适作庭荫树或行道树。

基本属性

1 2 3 4 5 6 7 8 9 10 11 12

## 118. 槐（国槐，中槐，本槐，家槐，豆槐）

学名 *Sophora japonica* 科属 豆科 槐属

产地与分布 在我国分布极为广泛，北自东北南部，南至广东、广西。

主要识别特征 高达25m。树冠形或倒卵形。干皮灰黑色，粗糙纵裂。小枝深绿色，皮孔稀疏但明显。叶奇数羽状复叶互生，小叶卵、长圆或披针状卵形，7～17枚；全缘，先端渐尖，端具细尖头，基部圆形，叶表深绿，叶背灰白，叶背和花序被毛；柄下芽。顶生直立圆锥花序，蝶形花黄白色。荚果肉质，念珠状，黄白色不裂。

园林用途 枝叶浓密，树姿优美，寿命长，抗力强，中国传统园林中常用作庭荫树和行道树，是良好的蜜源树种和染料树种。

主要品种或变种 ①龙爪槐f. *Pendula*：灌木。枝条扭转下垂，伞形树冠，常行高接。②五叶槐f. *oligophylla*：小叶5～7聚生一起，大小形状不一，小叶常3裂。③红花槐 'Violacea'：翼瓣和龙骨瓣玫瑰紫色，花期晚。④黄金槐 'Golden Stem'：枝叶春秋金黄色，生长期黄色减弱，绿色增强。⑤金叶槐 'Golden leaf'：小枝浅绿，叶金黄，冬枝呈半黄绿，阳面黄，阴面绿。

基本属性

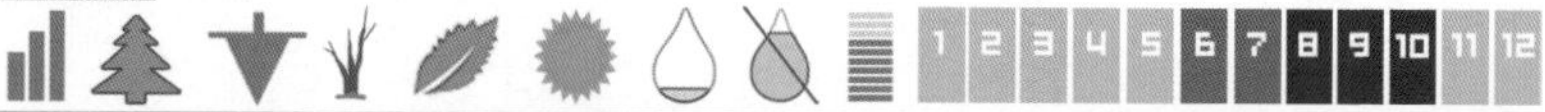
1
2
3
4
5
6
7
8
9
10
11
12

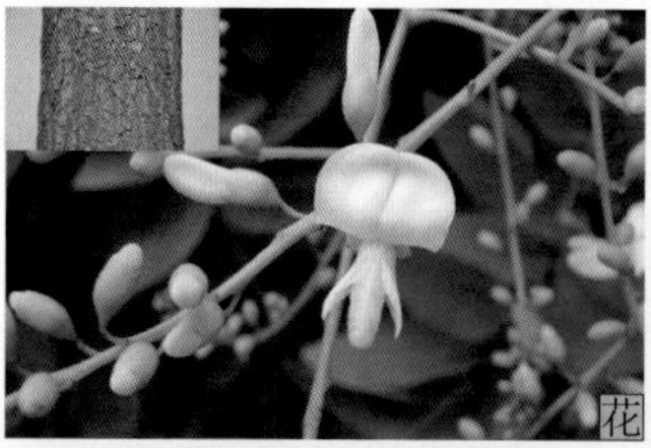
花

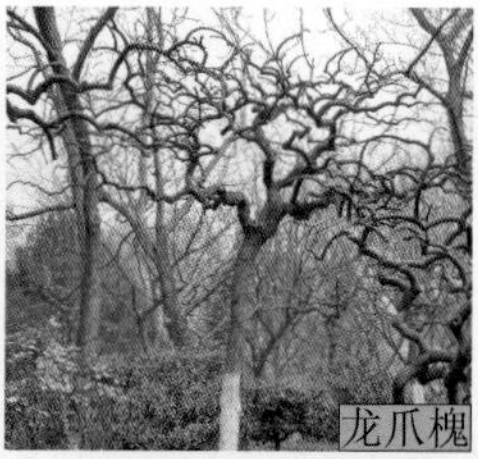
龙爪槐

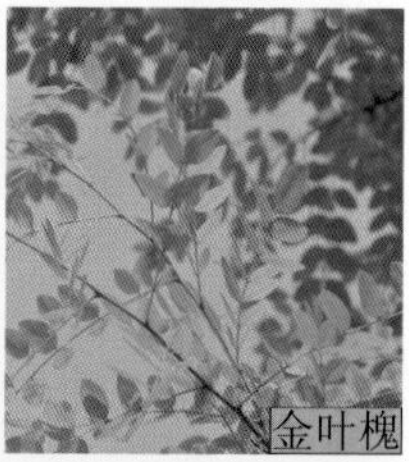
金叶槐

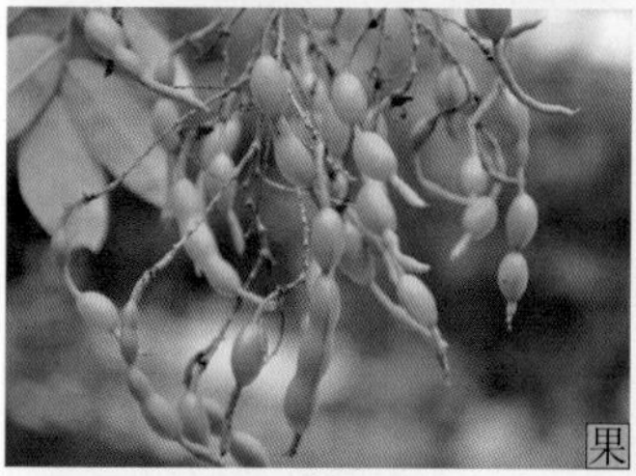
果

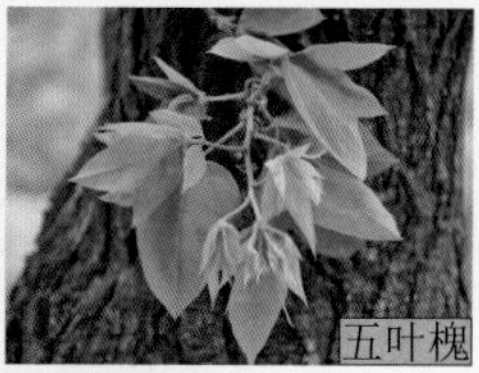
五叶槐

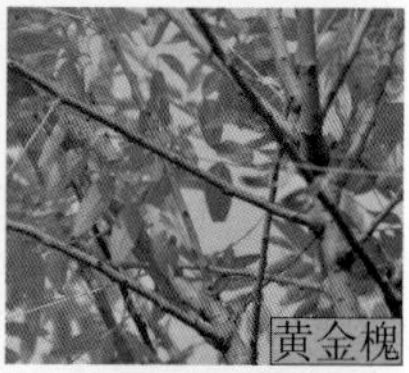
黄金槐

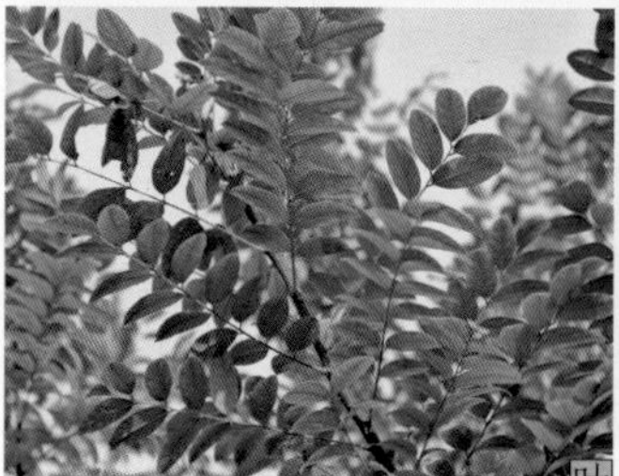
叶

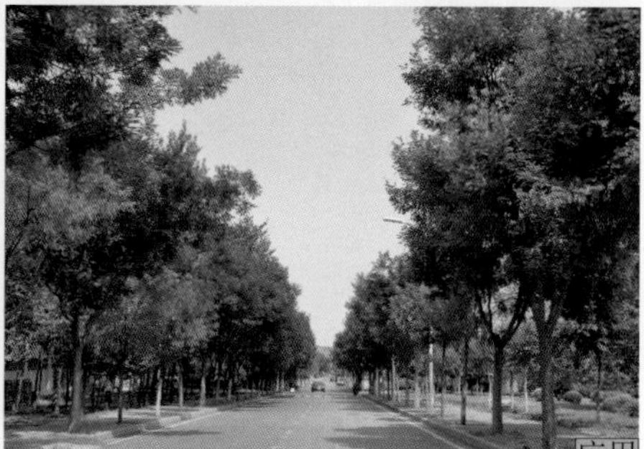
应用

## 119. 刺槐（洋槐）

**学名** *Robinia pseudoacacia*　　**科属** 豆科　刺槐属

**产地与分布** 原产美国东部，19世纪末中国引进栽培。现已广泛分布南北各个省区。

**主要识别特征** 高达25m。树干灰褐色，深纵裂。小枝淡褐色；无顶芽，侧芽为柄下芽。奇数羽状复叶，小叶7～25，长椭圆形，先端圆或凹，具尖头，叶基圆或楔形，背面疏短毛；叶柄基部具2枚大小不等的托叶刺。腋生总状花序；蝶形花冠，白色；雄蕊10枚，2体（1+9）。荚果扁平，开裂。

**园林用途** 树高冠大，叶色鲜绿，初夏开花，白而芳香，是著名的蜜源树种。可用作行道树、庭荫树，也是工厂、荒山绿化先锋树种。

**主要品种或变种** ①无刺槐 'Inermis'：枝条无刺或近无刺。②金叶刺槐 'Aurea'：幼叶金黄，夏叶绿黄，秋叶橙黄色。③红花刺槐 'Decaisneana'：花玫红色。④香花槐 'Idaho'：树高8～10m，枝刺少，花玫瑰红至深粉色，芳香，不结种子，1年开花2次。

**辨识**

| 树种 | 干 | 枝、叶 | 花 |
|---|---|---|---|
| 刺槐 | 灰褐色，深纵裂 | 小枝淡褐色，具托叶刺，无毛 | 白色，芳香（1cm） |
| 毛刺槐 | 暗灰色，纵裂 | 枝、叶柄、花梗均密被棕褐色刺状刚毛 | 紫红（2.5cm） |

**基本属性**

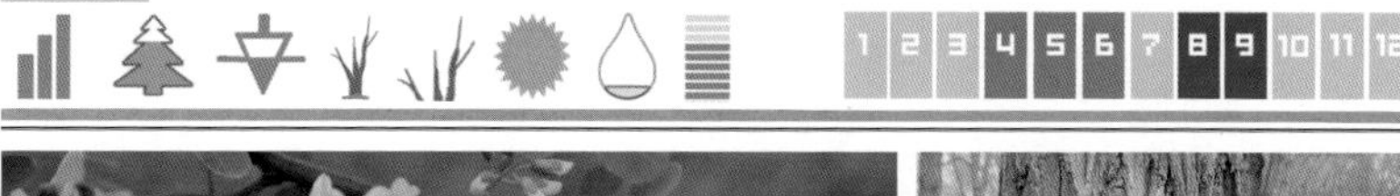

花

干

果

应用

金叶刺槐

## 120. 桂香柳（沙枣，银柳，香柳）

学名 *Elaeagnus angustifolia* 科属 胡颓子科 胡颓子属

产地与分布 产亚洲西北部，中国主要产于西北、华北、东北。

主要识别特征 高达15m。树皮灰褐色，纵裂，具枝刺。一年生枝淡绿色；二年生枝褐色，枝顶偶有刺；侧芽单生或2个并生；小枝及芽均密被银白色盾形鳞片。叶长圆状披针或条状披针形，长3～7cm，宽1～1.3cm，先端钝尖或钝，基部楔形，叶双面具银白鳞片，叶背较密，银白色。花1～3朵簇生叶腋，花被4片，内黄外银白色。果椭圆形，长约1cm，黄或粉红色，密被银色鳞片。

园林用途 叶形如柳，银白亮丽。可孤植、群植、林植，常用于四旁绿化及城市防护林。

基本属性

## 121. 紫薇（百日红，痒痒树）

学名 *Lagerstroemia indica* 科属 千屈菜科 紫薇属

产地与分布 中国原产，北至北京，南至海南、台湾均有分布。

主要识别特征 灌木或小乔木状，高可达8m。树冠不整齐。干皮淡褐色，薄片状剥落后光滑。一年枝淡灰黄色，具四条纵棱，光滑，常有狭翅；二年生枝棕色，枝皮剥裂；无顶芽，侧芽圆锥形，淡褐色。单叶近对生，椭圆至倒卵圆形，长3～5cm，先端圆钝或尖，基部圆或宽楔形，背面淡绿，沿中脉有毛，全缘，革质。顶生圆锥花序，钟状花冠具紫色长爪，边缘波状皱缩，花期可达百日以上。蒴果，近球形，暗褐色，宿存。

园林用途 干皮光洁，叶片亮丽，花型奇特，花色鲜艳，花期长，色彩丰富，是著名的传统花木。多对植、丛植、孤植，用于入口、庭院、草坪等，也可用作树桩盆景及厂矿绿化。

主要品种或变种 ①银薇*f. alba*：花白色。②红薇 'Rubra'：花红色。③蓝薇 'Caerulea'：天蓝色。④翠薇 'purpurea'：花蓝紫色。⑤粉薇 'Rosea'：花粉红色。⑥矮紫薇 'Nana'：植株矮生。

基本属性

1 2 3 4 5 6 7 8 9 10 11 12

## 122. 石榴（安石榴，海榴）

**学名** *Punica granatum* **科属** 石榴科 石榴属

**产地与分布** 原产中亚，西汉时引入中国。现南北各地均有栽培，以山东、陕西、安徽、河南、新疆、浙江等地较为集中。

**主要识别特征** 大灌木或小乔木，高达8m。小枝近四棱形，枝端多呈刺状。单叶对生或近对生，有时簇生，叶片倒卵至矩圆状披针形，光亮无毛，叶背中脉突起，全缘。花两性，单生或数朵生于枝顶及叶腋；花瓣红色多皱，先端圆，基部狭缩成爪状；花萼钟形，肉质肥厚，萼端5～7裂，裂片三角形，瓣与萼同数而互生。浆果近球形，果皮革质，萼片宿存；种子多数，具浆质外种皮。

**园林应用** 中国著名传统花果木。叶片光绿，花色鲜艳，花期较长，幼叶紫红色，果皮亮丽，在整个生长季节均有观赏价值。园林中常为点睛树种，庭院栽培尤为常见。

**主要品种或变种** ①白石榴 'Albescens'：花白色，单瓣。②黄石榴 'Flavescens'：花黄色。③玛瑙石榴 'Legrellei'：花重瓣，花粉红或橙红色，具黄白色条纹，花冠边缘黄白色。④月季石榴 'Nana'：从生矮小灌木，枝、叶、花、果均小，花单瓣，花期长。⑤墨石榴 'Nigra'：矮小灌木，枝细软，叶、花、果均小，花单瓣，果熟时紫黑色。⑥重瓣白石榴 'Alba-Plena'：花白色，重瓣。⑦重瓣红石榴 'Plena'：花红色，重瓣。⑧重瓣橙红石榴 'Chico'：花重瓣，橙红色。⑨重瓣月季石榴 'Nana-Plena'：形似月季石榴，但花重瓣。⑩牡丹石榴 'Plena'：花重瓣，花型似牡丹。

**基本属性**

枝刺 枝叶 秋叶 花 株型 果 重瓣石榴 应用

## 123. 刺楸（刺桐，老虎棒子，刺枫树）

学名 *Kalopanax septemlobus* 科属 五加科 刺楸属

产地与分布 主要分布于我国东北南部至华南、西南地区；朝鲜、日本也有分布。

主要识别特征 高达30m。树皮灰黑褐色，纵裂，干及枝具钉状刺。小枝粗壮，淡黄棕或紫褐色，幼枝常被白粉。单叶在长枝上互生，短枝上簇生，近圆形，径9～25cm，5～7（3）掌状裂，裂片宽三角状卵形，先端渐尖，基部心或圆形，具细齿；叶柄较叶长。伞形花序径约1.5cm，组成复伞花序；小花白或淡黄绿色。球形核果蓝黑色，径约4mm。

园林用途 树冠开阔，花果俱美。可孤植、丛植、林植，用于水岸、草坪、道路背景及深山造林。

主要品种或变种 深裂刺楸 var.*maximowiczii*：叶裂深度达中部。

基本属性

1 2 3 4 5 6 7 8 9 10 11 12

## 124. 毛梾（车梁木）

学名 *Cornus walteri*　　科属　山茱萸科　梾木属

产地与分布　主产于我国黄河流域，华中及西南地区也有分布。

主要识别特征　高可达12m。干皮灰黑色，小块状纵裂。枝及叶均对生；一、二年生枝红褐色，被白色附贴毛。单叶对生，卵形至椭圆形，长4～10cm，先端渐尖，基部广楔形，两面被平伏毛，背面更密；羽脉弧曲状，4～5对；叶缘微波状。顶生聚伞花序伞房状，花白色，径约1cm，有香气。小核果，球形，黑色，用手揉捻可见油脂。

园林用途　干直冠大，枝叶茂密，春日白花满树，秋季果实累累。可孤植、列植、对植、点植及丛植，适用于行道树、庭荫树及水土保持树等。

基本属性

1 2 3 4 5 6 7 8 9 10 11 12

## 125. 灯台树（瑞木，六角树）

**学名** *Cornus controversa*　　**科属** 山茱萸科　梾木属

**产地与分布** 分布于东北南部、华北、西北至华南地区；朝鲜、日本、印度、尼泊尔也有分布。

**主要识别特征** 高可达20m。树冠台灯状。树皮暗灰色，平滑，老时纵裂。主干枝，近轮生，层次分明，呈灯台状；一年生枝紫红色；二年生枝暗紫红色，光滑。单叶互生，卵状椭圆至阔椭圆形，集生于枝端，长6～13cm，叶端突渐尖，叶基圆形，侧脉弧形，叶表深绿色，背面灰绿色，疏生贴伏短绒毛。核果球形，径6～7mm，紫黑色。

**园林用途** 树形整齐美观，似灯台，小枝红色，是观赏价值极高的树木。可孤植、列植或丛植，主要用于庭荫树、行道树。

**主要品种或变种** 斑叶灯台树 'Variegata'：叶具银白色边及斑。

**基本属性**

花

叶

干

叶背

枝芽

果

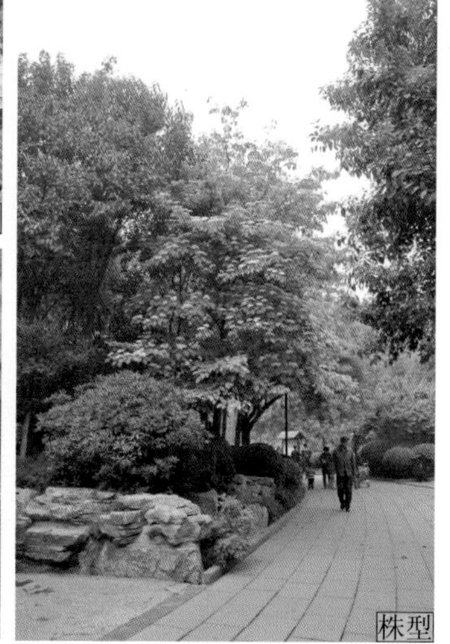
株型

## 126. 山茱萸（药枣，萸肉）

学名 *Cornus officinale* 科属 山茱萸科 山茱萸属

产地与分布 分布于华北南部、长江流域及河南、陕西；日本、朝鲜也有分布。

主要识别特征 小乔木，高达10m。树冠卵圆形。干皮不规则片状剥落。一年生枝绿色；二年生枝栗褐色；顶芽较大，长卵形；花芽球形，紫色，被褐黄色毛。叶对生，卵状椭圆形，长5～12cm，先端渐尖或近尾尖，基部圆或楔形，表面疏生平伏毛，叶背面被白色平伏毛，脉腋有褐色簇毛。伞形花序腋生；花叶前开放，黄色，花瓣4数，花盘杯状。核果椭球形，红色。

园林用途 早春金黄色花开满枝头，新鲜亮丽；秋天果、叶红鲜亮丽。可丛植、对植或列植，多配植于建筑入口、庭院、草坪或水岸。

基本属性

1 2 3 4 5 6 7 8 9 10 11 12

## 127. 四照花（石枣，山荔枝）

学名　*Cornus kousa* var. *chinensis*　　科属　山茱萸科　四照花属

产地与分布　产我国长江流域及河南、陕西、甘肃。

主要识别特征　高可达10m。树冠伞形。树皮灰黑色，细纵裂。一年生枝灰绿色；二年生枝灰或灰褐色，皮孔密生。叶对生，厚纸质，卵或卵状椭圆形，长5.5～12cm，基部圆或阔楔形，表面浓绿色，背面粉绿色，具白色柔毛，全缘；羽状脉弧形，侧脉4～5对，脉腋具淡褐色毛。头状花序，白色大形总苞片4枚，花瓣状，卵或卵状披针形。聚花果球形，肉质，粉红色。

园林用途　因白色花瓣状大苞片如光四照而得名。初夏开花，白色苞片覆盖全树；绿亮叶片入秋变红；秋季红色硕果累累，是集观花、叶、果于一体的园林树种。可孤植、列植或丛植于草坪、林缘、路边、池畔。

辨识

| 树种 | 叶片 | 侧脉 |
|---|---|---|
| 东瀛四照花 | 薄纸质，脉腋有白色或淡黄色簇毛 | 3～4（5）对 |
| 四照花 | 厚纸质，脉腋有淡褐色毛 | 4～5对 |

基本属性

1 2 3 4 5 6 7 8 9 10 11 12

## 128. 丝棉木（白杜，明开夜合，桃叶卫矛）

学名 *Euonymus maackii* 科属 卫矛科 卫矛属

产地与分布 产于我国辽宁以南至长江流域各省区及甘肃、陕西、四川；朝鲜及俄罗斯东部也有分布。

主要识别特征 高达8m。树冠近球形。树皮灰色，不规则网状纵裂。一年生枝绿色，或受光面紫红色，无毛；二年生枝灰绿色，四棱；冬芽宽卵形，浅褐色。叶菱状椭圆至卵状椭圆形，长4～8cm，先端长渐尖，基部宽楔或近圆形，具细锯齿；叶柄细，长2～3cm。聚伞花序腋生；花淡绿色，径7～8mm，4数；花药紫红色。蒴果倒卵形，4深裂，粉红色；假种皮橙色至橙红色。

园林用途 树姿秀丽，枝条翠绿，秋叶、秋果粉红，秋果开裂，露出光亮橙色，甚是美丽，加之其适应性强，是优良的园林观赏树种。可孤植、丛植、林植，用于山坡、草坪、水边、桥头等多类环境。

主要品种或变种 垂枝丝绵木 'Pendulus'：枝条细长下垂，叶菱状披针至卵状披针形。

辨识

| 树种 | 叶、叶缘 | 花 | 蒴果 |
|---|---|---|---|
| 丝棉木 | 菱状椭圆至卵状椭圆形 | 4数，花柄稍垂 | 倒卵形，4深裂，粉红色 |
| 垂丝卫矛 | 卵至矩圆形，齿尖向内弯 | 5数，花柄长 | 深红色，近球形，常具棱 |

基本属性

1 2 3 4 5 6 7 8 9 10 11 12

花

花序

果

叶

干

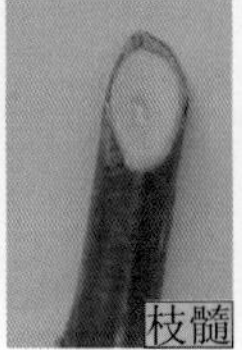
枝髓

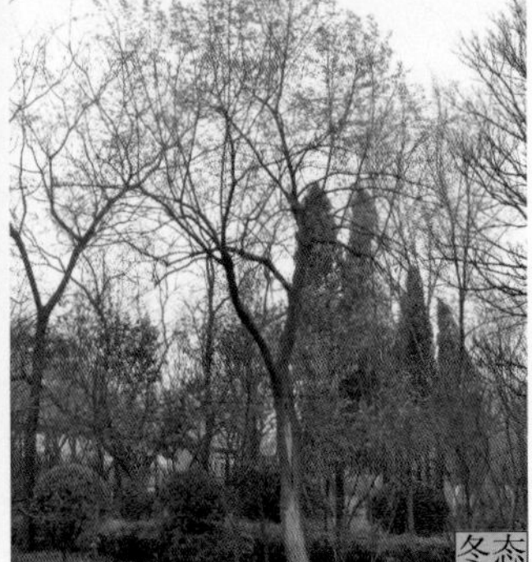
冬态

## 129. 乌桕（蜡子树，柏树，木蜡树，木油树，蜡烛树）

学名 *Sapium sebiferum* 科属 大戟科 乌桕属

产地与分布 主要分布于我国黄河以南各省区；日本、越南、印度也有分布。

主要识别特征 高可达15m。树冠卵形。树皮暗灰色，纵裂。枝广展，皮孔明显；各部均无毛而具乳状汁液。单叶互生，菱形、菱状卵至菱状倒卵形，长3～8cm，顶端长渐尖至尾尖，基部阔楔形，全缘，纸质；叶柄细长，2.5～6cm，顶端具2腺体。花单性，雌雄同株。总状花序顶生，长6～12cm；通常雌花生于花序轴最下部；雄花生于花序轴上部或有时整个花序全为雄花；花序轴基部两侧各具一近肾形腺体。蒴果球形，黑色，木质，直径1～1.5cm；被白蜡。

园林用途 冠整齐，叶秀美，秋叶经霜变红，故谓之“霜叶红于二月花”，是秋色叶树种。可孤植、丛植或列植，可作庭荫树、行道树等，适用于草坪、湖畔等。

基本属性

1 2 3 4 5 6 7 8 9 10 11 12

## 130. 枣（枣树，枣子，红枣，大枣，大甜枣）

学名 *Ziziphus jujuba* 科属 鼠李科 枣属

产地与分布 产于我国北起东北南部、黄河及长江流域各地，南至广东，西南至贵州、云南；亚洲、欧洲、美洲也有栽培。

主要识别特征 高达15m。树冠球或卵形。树皮灰褐色，纵裂。有长、短枝和无芽小枝之分。长枝呈“之”字形，红褐色，具托叶刺；短枝距状；无芽小枝纤细，常簇短枝上。叶卵或矩圆状卵形，长3～8cm，先端尖或钝，基部楔、心或近圆形，稍偏斜，基出三脉。簇生花黄绿色。核果卵圆、椭圆、长矩圆形和不规则畸形，长2～6cm，成熟时深红色；果核两头锐尖。

园林用途 树冠圆润，枝条硬挺，红色秋果挂满枝头，一派丰收景象，是我国著名的传统庭院绿化树种。有“早生贵子”之寓意。可孤植、丛植或群植、列植，适用于庭院、四旁绿化及各类绿地。

主要品种或变种 ①酸枣var. *spinosa*：叶较小，长1.5～3.5cm；核果小，近球形，长0.7～1.5cm，味酸，核两端钝。②龙爪枣var. *tortuosa*：小枝常扭曲，无刺；果径5cm，果皮厚；果梗较长，弯曲。③无刺枣var. *inermis*：长枝无刺，幼枝无托叶刺；果较大。④葫芦枣f. *lageniformis*：果实中部以上有缢痕，收缩成乳头状。

基本属性

1 2 3 4 5 6 7 8 9 10 11 12

## 131. 枳椇（拐枣，鸡爪子，鸡爪树，枸）

学名 *Hovenia acerba* 科属 鼠李科 枳属

产地与分布 主要分布在我国黄河流域和长江流域各地；日本、朝鲜、俄罗斯也有分布。

主要识别特征 高可达10m。树冠近圆形。干皮灰褐不规则纵裂。小枝红褐，嫩枝有毛。单叶互生，叶片卵至宽卵形，长8～16cm，先端渐尖，基部圆或心形，常不对称，缘具不整齐浅钝齿，两面无毛，基出三脉不达齿端，叶柄红褐色，具4～5腺体。聚伞花序腋生或顶生；花淡黄绿色，花瓣5数。浆果状核果近球形。果梗（拐枣）肉质，肥厚扭曲，粗壮，红褐色，无毛，味甜可食。

园林用途 树干挺直，枝叶秀美，花淡黄绿色，果形态酷似楷书“万”子，故称为万寿果树，是良好园林绿化树种。主要用作庭荫树、行道树和草坪点缀。

基本属性

## 132. 栾树（灯笼树，黑叶树）

学名 *Koelreuteria paniculata* 科属 无患子科 栾树属

产地与分布 主产于东北南部、华北、华东、西北东南部至西南；朝鲜、日本也有分布。

主要识别特征 高可达20m。树冠近球形。树皮灰褐色，细纵裂。一年生枝灰绿或深褐色，有纵棱，初被毛，后无毛，皮孔明显；二年生枝灰白色；冬芽三角状宽卵形，褐色。1～2回羽状复叶互生，小叶卵或卵状椭圆形，长3～8cm，边缘有不规则粗齿或羽状深裂，叶背沿脉有短柔毛。顶生大型圆锥花序，长25～40cm；花黄色，中心紫色，花瓣4，8～9mm；萼片5，有睫毛。蒴果，膨大成膀胱状，具3片膜质膨大三角状卵形果皮，顶端渐尖，枯褐色。

园林用途 树形优美，夏季开花，花色鲜黄，为重要绿化树种。可孤植、丛植或列植，适用于行道树、庭荫树及水土保持。

基本属性

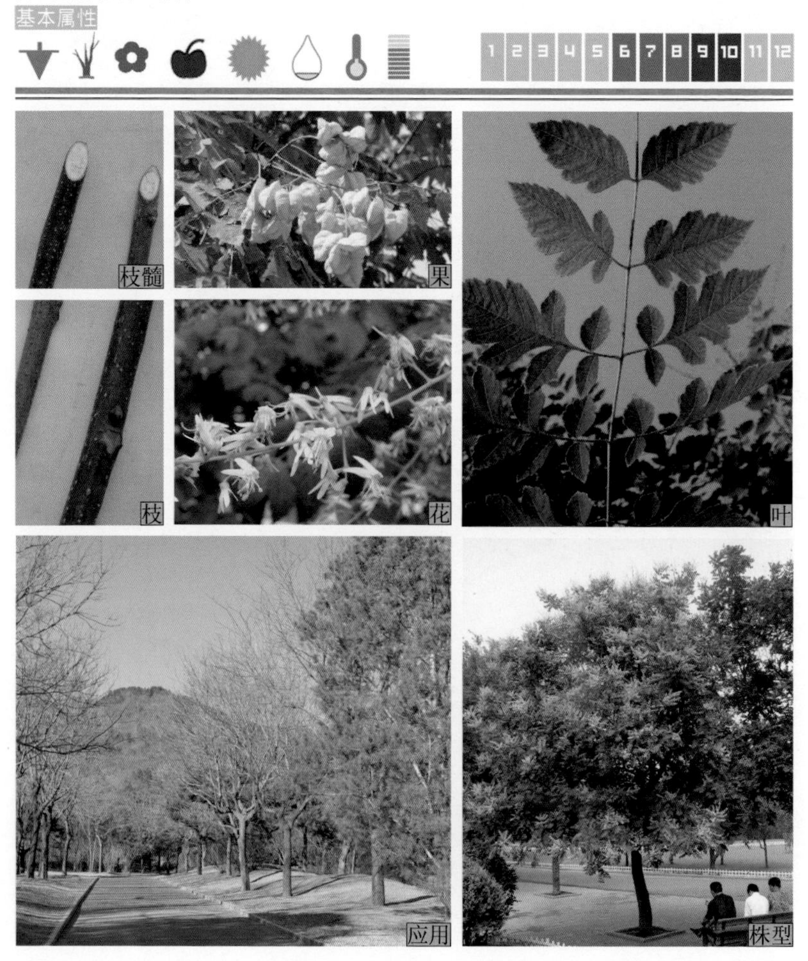

## 133. 黄山栾（全缘叶栾树）

学名 *Koelreuteria bipinnata* 科属 无患子科 栾树属

产地与分布 华北、东北、西北、西南、华东地区均有分布，但以华北地区分布最为普遍。

主要识别特征 高可达15m。树皮暗灰色，块状剥落。小枝暗褐绿色。二回羽状复叶，小叶全缘或偶有锯齿，叶背沿脉有短柔毛。顶生大型圆锥花序；花黄色，中心略现紫色，花瓣4，披针形，有爪。蒴果果皮膨大呈卵形至椭圆形，淡粉红色，最后枯褐色。

园林用途 树形圆润，树干挺直；夏秋黄花开放，果实如同灯笼，粉红色，如同满树红花，秋叶变黄，黄红相间，对比鲜明，非常美丽，是集观叶、观花和观果为一体的优良园林树种。可孤植、林植及列植，适用于庭院、公园、道路绿化。

辨识

| 树种 | 干皮 | 小叶 | 果皮 |
|---|---|---|---|
| 栾树 | 纵裂 | 缘有粗齿或裂片 | 膨大呈三角状卵形；成熟枯褐色 |
| 全缘栾 | 光滑，块状剥落 | 全缘 | 膨大呈椭球形；粉红色 |

基本属性

1 2 3 4 5 6 7 8 9 10 11 12

花 秋叶 果 应用 冬态 叶痕 干

## 134. 文冠果（文冠树，文官果，崖木瓜）

学名 *Xanthoceras sorbifolia*　　科属 无患子科 文冠果属

产地与分布 中国特产。南自安徽、河南，北至辽宁、吉林，西至甘肃，东至山东均有栽培分布。

主要识别特征 高可达8m。树冠近宽圆形。干皮灰褐色，纵裂。一、二年生枝通直，较粗壮，灰褐色；顶芽宽卵或近球形，栗褐色。奇数羽状复叶互生，长卵状椭圆形，长2～6cm，缘具不整齐锐细锯齿，基部楔形，略有偏斜。顶生直立总状花序，杂性同株，花白色，萼、瓣各5，花瓣内侧基部有黄或紫红色斑纹。蒴果，径4～6cm，果皮厚，木质。

园林用途 叶形美丽，枝条粗壮，花瓣乳白而基部有紫红斑纹，果大型，熟时呈3瓣裂开，是良好的园林观赏和高级食用油料树种。

基本属性

| 1 | 2 | 3 | 4 | 5 | 6 | 7 | 8 | 9 | 10 | 11 | 12 |
|---|---|---|---|---|---|---|---|---|---|---|---|

枝　叶痕　花　叶　果　应用　冬态

## 135. 七叶树（梭椤树，天师栗）

学名 *Aesculus chinensis* 科属 七叶树科 七叶树属

产地与分布 中国原产。黄河至长江流域常见栽培。

主要识别特征 高可达20m。干皮灰褐色，平滑，老时呈鳞片状剥落。枝条粗壮；一年生枝粗壮，灰色或灰绿色；二年生枝深灰色，皮孔明显，光滑无毛。掌状复叶对生，具长总柄，通常有小叶7枚，小叶长椭圆状倒卵形，长9～16cm，先端渐尖，基部楔形，叶表深绿，背面黄绿，缘具细密锯齿。顶生大型圆锥花序；花白带红。蒴果近球形，径3～4cm，果皮棕黄色有疣点。

园林用途 世界五大行道树种之一，著名的园林观赏树种。树体雄伟，冠如华盖，叶大形美，叶片光绿，花白带红，绚丽多彩，果色棕黄，十分美观。适作庭荫树、行道树和草坪点缀树种。

辨识

| 树种 | 小叶 | 花 | 果 |
| --- | --- | --- | --- |
| 七叶树 | 具柄，缘具细齿 | 白色，圆柱状圆锥花序 | 蒴果球形，褐色粗糙 |
| 欧洲七叶树 | 无柄，缘具不规则重锯齿 | 白色，基部有红或黄斑 | 蒴果近球形，皮具尖刺 |
| 日本七叶树 | 无柄，缘具不规则重锯齿，中间小叶常为2侧小叶2倍 | 白色，带红斑 | 蒴果近梨形，皮具疣状突起 |

基本属性

1 2 3 4 5 6 7 8 9 10 11 12

落叶乔木

## 136. 欧洲七叶树（马栗树）

学名 *Aesculus hippocastanum* 科属 七叶树科 七叶树属

产地与分布 原产于希腊北部和阿尔巴尼亚山区。我国引种栽培。

主要识别特征 高可达40m。树冠卵形。树皮灰褐色，不规则块状裂。下部枝条下垂；小枝幼时有棕色长柔毛，后脱落；冬芽卵圆形，有丰富树脂。掌状复叶对生，小叶5～7枚，无柄，倒卵状长椭圆形，长10～25cm，基部楔形，先端突尖，缘有不整齐重锯齿，背面绿色，幼时有褐色柔毛，后仅脉腋有褐色簇毛。顶生圆锥花序，长20～30cm；小花白色，基部有黄、红色斑，径约2cm，花瓣4～5。蒴果近球形，果皮有刺，径约6cm，褐色。

园林用途 树体高大雄伟，树冠宽阔，绿荫浓密，花序美丽，世界五大行道树之一，欧美广泛用作行道树及庭院观赏树。

基本属性

1 2 3 4 5 6 7 8 9 10 11 12

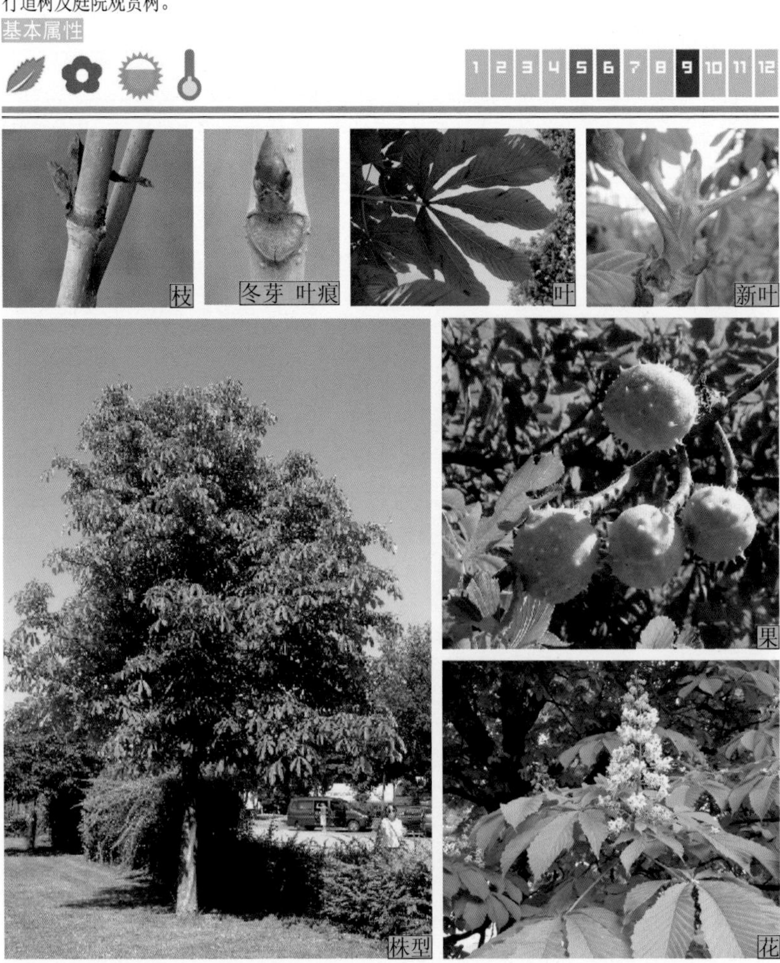

## 137. 茶条槭（茶条，华北茶条槭）

学名 *Acer ginnala* 科属 槭树科 槭属

产地与分布 产于我国东北、华北至华中、华东地区；蒙古、俄罗斯西伯利亚东部、朝鲜半岛和日本也有分布。

主要识别特征 高达6m，常灌木状。叶基部圆、平截或稍心形，叶长圆状卵至长椭圆形，长6～10cm，3～5裂，中裂片较大，渐尖，侧裂片钝尖，具不整齐重锯齿，表面无毛，背面叶脉及脉腋有毛；叶柄长4～5cm。伞房花序长约6cm；花瓣卵圆形，白色；萼片卵形，黄绿色。双翅果，长2.5～3cm，翅成锐角或近直角。

园林用途 秋叶变红，鲜艳明亮。可孤植、点植、丛植或片林，用于庭院、山坡、林缘、岸边等。

基本属性

1 2 3 4 5 6 7 8 9 10 11 12

## 138. 元宝槭（华北五角枫，平基槭，元宝树）

学名 *Acer truncatum* 科属 槭树科 槭属

产地与分布 中国原产，华北地区广为分布。北至辽宁西部，南至江苏北部均见栽培生长。其垂直分布在适应地区可达海拔2000m。

主要识别特征 高达12m。树冠阔倒卵至伞形。干皮灰黄或灰色，深纵裂。一年生枝绿色；二年生枝灰黄色；卵形顶芽棕或淡褐色。单叶互生，掌状5裂，长5～10cm，裂片全缘或仅中间裂片上部出现3小裂，叶基部平截、阔楔形或稍凹，两面光滑，偶见背面脉腋有簇毛。顶生伞房花序，着花6～10朵；花黄白色，萼、瓣各5枚。双翅果，果翅张成直角或钝角，翅长与果体近等长。

园林用途 树形美观，叶片光洁，秋色金黄，是北方主要秋色叶树种。可孤植、列植、片林，用作行道树、庭荫树、风景林及厂矿绿化。

辨识

| 树种 | 干皮 | 叶 | 叶基 | 果 |
|---|---|---|---|---|
| 元宝枫 | 灰黄色或灰色 | 掌状5裂，先端渐尖，有时中间裂片上部出现3小裂 | 阔楔形或稍凹或平齐 | 果翅与果体近等长 |
| 五角枫 | 暗灰或灰褐色 | 掌状5裂，先端尾尖，有时下部裂片再2裂或叶成7裂 | 心形 | 果翅长为果体近2倍 |

基本属性

花

果

新叶

干

株型

叶

## 139. 色木槭（五角槭，地锦槭）

学名 *Acer mono* 科属 槭树科 槭属

产地与分布 产东北、华北至长江流域各省区；朝鲜、日本也有分布。

主要识别特征 高可达20m。树冠阔卵形。树皮暗灰至灰褐色，浅纵裂。小枝条淡黄或深灰色，散生圆形皮孔；冬芽卵圆形，黑紫色，常被柔毛。单叶对生，掌状5裂，稀7裂，裂深达三分之一，裂片长三角形，先端尾尖或长渐尖，全缘或下部裂片再2裂，全缘或具稀锯齿，叶基心形，仅叶背脉腋间常有黄色簇毛，枝叶折断可见白色乳汁。顶生复伞房花序；花杂性，黄白色。双翅果，果翅开展成钝角，成熟时淡黄色，果翅长为果长2倍以上。

园林用途 常用作庭荫树、行道树及风景林树种。可植于建筑物北侧、西侧或东侧以及林缘，也可用于厂矿绿化。

基本属性

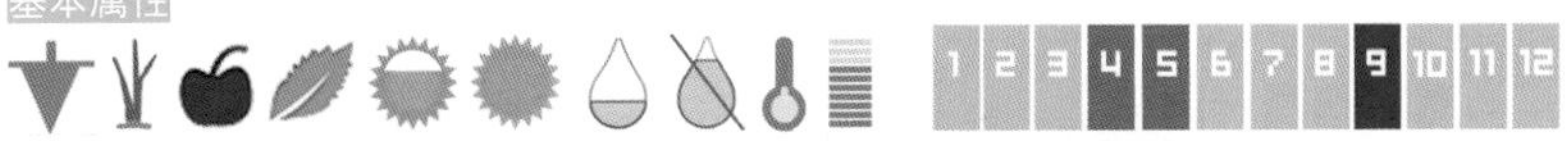

花

叶

应用

果

干

## 140. 三角枫（三角槭）

学名 *Acer buergerianum* 科属 槭树科 槭属

产地与分布 中国原产。山东、河南、河北较多，华中、西南地区也有分布。

主要识别特征 高可达20m。树冠卵形至阔卵形。干皮灰黄至灰褐色，老时条片状剥落，显露出黄褐色光滑内皮。一年生枝红褐色；二年生枝灰褐色，密生皮孔，被白色蜡粉；顶芽圆锥形，黄褐色。单叶对生，长4～10cm，叶3裂，裂深达1/3至1/4，裂片三角形，近等大，全缘。顶生伞房状聚伞花序；花萼与花瓣各5，黄绿色。翅果，果翅开张呈锐角，外沿近平行。

园林用途 树姿优雅，干皮美丽，春季花色黄绿，入秋叶果变红，是良好的园林绿化和观叶树种。用作行道树，庭荫树和草坪点缀，耐修剪，也可制作树桩盆景。

辨识

| 树种 | 科属 | 干皮 | 叶 | 花 | 果 |
|---|---|---|---|---|---|
| 三角枫 | 槭树科槭属 | 暗褐色，条片状剥落 | 基部圆形或楔形，裂片前伸 | 顶生伞房状聚伞花序 | 双翅果 |
| 枫香 | 金缕梅科枫香属 | 灰色，纵裂 | 全缘叶，基部心形或宽楔形，裂片张开 | 花序头状 | 木质蒴果 |

基本属性

1 2 3 4 5 6 7 8 9 10 11 12

干　叶

果

株型

应用

## 141. 鸡爪槭（青枫，雅枫）

学名 *Acer palmatum* 　　科属 槭树科 槭属

产地与分布 中国原产，主产江苏、安徽、江西、浙江、山东等省，北京、天津亦多栽培。

主要识别特征 高可达10m。树冠云片状伞形。干皮灰色，浅裂。一年生枝纤细，绿褐色，向光面紫红色；二年生枝暗紫色，皮孔散生；芽紫红或红褐色。单叶对生，径5～10cm，多7裂，裂深长达叶片1/3～1/2，裂片长卵至披针形，先端渐尖或尾尖，叶基近心形，脉腋具簇毛，缘具细锐重锯齿；叶柄细柔而光亮。花小，紫色，萼、瓣各5，萼片暗红色。双翅果小，果翅开展呈钝角，翅端微向内弯，熟前紫色。

园林用途 姿态秀丽，叶形美观，园艺品种众多，形态色泽丰富，是优良观叶树种，树桩盆景常用。

主要品种或变种 ①红枫（紫红鸡爪槭）'Atropurpureum'：枝条紫红色，叶常年红或紫红色，5～7裂，裂片先端锐尖，缘具缺刻锯齿。②羽毛枫 'Dissectum'：枝条开展，叶深裂达基部，裂片狭长而深羽状细裂，秋叶深黄或橙红色。③红羽毛枫 'Dissectum Ornatum'：叶形似羽毛枫，古铜红色。④金叶鸡爪槭 'Aureum'：叶金黄色。⑤花叶鸡爪槭 'Reticulatum'：叶黄绿色，边缘绿色，叶脉暗绿色。⑥红边鸡爪槭 'Roseo-marginatum'：嫩叶及秋叶边缘玫红色。

基本属性

1 2 3 4 5 6 7 8 9 10 11 12

果　红枫　叶　应用　红羽毛枫　羽毛枫

## 142. 葛萝槭

学名 *Acer grosseri*　　科属 槭树科　槭属

产地与分布　原产河北、山西、河南、陕西、甘肃、湖北西部、湖南、安徽。

主要识别特征　树冠卵圆形。树皮光滑，淡褐色。一年生枝绿或紫绿色；二年生枝灰黄或灰褐色。叶纸质，卵形，长7～9cm，宽5～6cm，缘具密尖重锯齿，基部近于心形，5裂，中裂片三角或三角状卵形，先端钝尖或短尖尾，上面深绿色，下面淡绿色，叶脉基部初被淡黄色丛毛；叶柄长2～3cm，细瘦。雌雄异株。总状花序下垂，花淡黄绿色，花瓣5，倒卵形，长3mm。翅果嫩时淡紫色，成熟后黄褐色，长2.0～2.5cm，果翅成钝角或近于水平。

园林用途　树形优美，树干端直，干皮青绿，枝叶繁茂，秋叶黄紫，具有很高观赏价值。可丛植、群植、列植或点植，适合作庭荫树、孤植树、行道树，适用于庭院、道路、水边、林缘等绿化。

基本属性

1 2 3 4 5 6 7 8 9 10 11 12

叶　果　干　株型　果序

## 143. 复叶槭（梣叶槭，糖槭，美国槭，白蜡槭，竹节槭，羽叶槭）

**学名** *Acer negundo*　　**科属** 槭树科　槭属

**产地与分布** 原产北美。我国东北、华北、华中、华东各省市均有栽培。

**主要识别特征** 高达20m。树冠圆球至卵圆形。树皮灰褐色，纵裂。一年生枝，绿或带褐红色，光滑，被白色蜡粉，托叶痕明显，几近环状，枝如竹节；顶芽宽卵形，单生或3芽并生，被白色绒毛。羽状复叶对生，小叶3～5，卵状椭圆形，长5～10cm，缘有粗大锯齿或缺裂。花单性异株，叶前开放；雄花伞房状花序；雌花总状花序，无花瓣。两果翅展开成锐角或近直角。

**园林用途** 树姿挺拔，枝条白绿，秋叶金黄，观赏价值高，北方集色枝与秋色叶为一体的优良树种。可孤植、列植、群植或丛植，可用作庭荫树、行道树及防护林树种。

**主要品种或变种** ①金叶复叶槭 'Aureum'：叶金黄色；②银边复叶槭 'Var-iegatum'：叶缘白色；③金边复叶槭 'Aureo-marginatum'：叶缘黄色；④花斑复叶槭 'Flamingo'：新叶粉红或斑与绿斑块相同。

**基本属性**

干　花　叶背　果　叶　芽　株型　银边复叶槭　金叶复叶槭　花斑复叶槭

## 144. 血皮槭（纸皮槭）

学名　*Acer griseum*　　科属　槭树科　槭属

产地与分布　中国特产，广泛分布于北至新疆中部、内蒙古、辽宁南部，南到河南、湖北西部、四川东部等地。

主要识别特征　高可达20m。树冠圆球形。树皮棕褐色，自然卷曲，纸质片状剥落。一年生枝淡紫色；二年生枝深紫或深褐色，密被淡黄色长柔毛。三出复叶对生，薄革质，卵、椭圆或长圆状椭圆形，长4～8cm，先端钝尖，边缘疏具2～3对粗钝锯齿；中间小叶基部楔或阔楔形，短柄；侧生小叶基部偏斜，无柄；叶表绿色，叶背淡绿色，略有白粉，有淡黄色疏柔毛，叶脉稍下陷。聚伞花序由3小花组成，黄绿色，有长柔毛。双翅果，果翅张开近于锐角或直角。

园林用途　树冠开阔，干皮红褐，秋叶鲜红或黄色，是集观枝干、秋叶为一体的高观赏价值绿化树种。可孤植、群植于溪边、池畔、路边、石旁及庭院。

基本属性

叶背

芽

叶

花

果

株型

干

## 145. 美国红槭（红花槭）

学名 *Acer rubrum* 科属 槭树科 槭属

产地与分布 原产于美国至加拿大。我国北京、上海、杭州、济南、青岛等引种栽培。

主要识别特征 原产地高达30m。树冠卵至近圆形。树干笔直耸立，树皮灰白或淡褐灰色，小枝淡红或黄棕色。单叶对生，阔卵至近圆形，掌状3～5裂，长、宽8～15cm，裂片三角状卵形，不规则锯齿。花红色。双翅果，果翅成钝角，亮红色。

园林用途 叶色明亮鲜艳，着色整齐持久，是优良的园林树种。可孤植、丛植、列植及片植，用于草坪、山坡，也可作行道树及于荒山造林。

主要品种或变种 ①白兰地 'Brandywine'：叶片较小，新生叶绿色，直至深绿色，秋色为明亮的葡萄酒红色，开始时为红色，再转为紫红，最后为具荧光的酒红色，秋色持久。②秋季辉煌 'Autumn Flame'：叶片较小，生长稍慢，变色最早的品种，秋色由黄转红，娇艳明亮，统一整齐，挂色持久。③卓越 'Somerset'：叶片较小，叶色深绿，秋色红艳明亮、具荧光，秋色持久。④夕阳红 'Red Sunest'：叶色春夏深绿，新枝与叶柄青绿色，叶较厚，秋季叶色大红带橘红。

基本属性

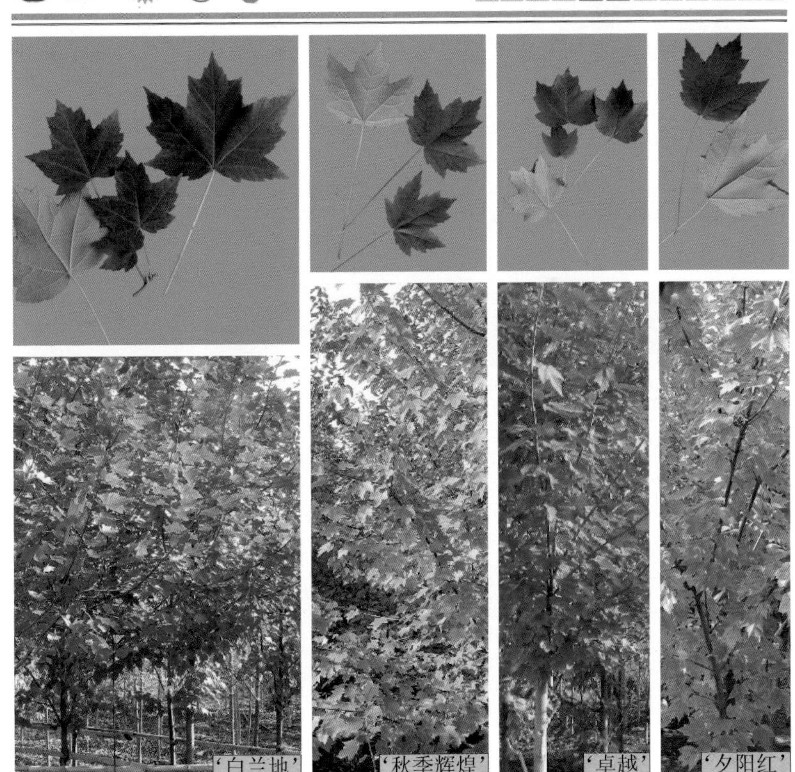

## 146. 自由人槭

学名 *Acer×freemanii* 科属 槭树科 槭属

产地与分布 美国红槭（*Acer rubum*）与银槭（*Acer saccharinum*）的杂交种。

主要识别特征 原产地高达40m。圆柱至长卵形。树干笔直，树皮银灰色；小枝黄褐色。单叶对生，阔卵至近圆形，掌状3～5深裂，长、宽5～15cm，裂片缘具齿裂；花红色，先叶开放。双翅果，果翅成近直角。品种繁多。

园林用途 同美国红槭。

主要品种或变种 ①阿姆斯特朗 'Armstrong'：树形挺拔，叶片较大，秋季橘黄。②秋天火焰 'Autumn Blaza'：初生小叶微红，枝叶浓密，秋叶橙红变深红，整齐而持久。③冷俊 'Marmo'：叶色深绿，秋色由黄转红。未见开花，无翅果。

基本属性

1 2 3 4 5 6 7 8 9 10 11 12

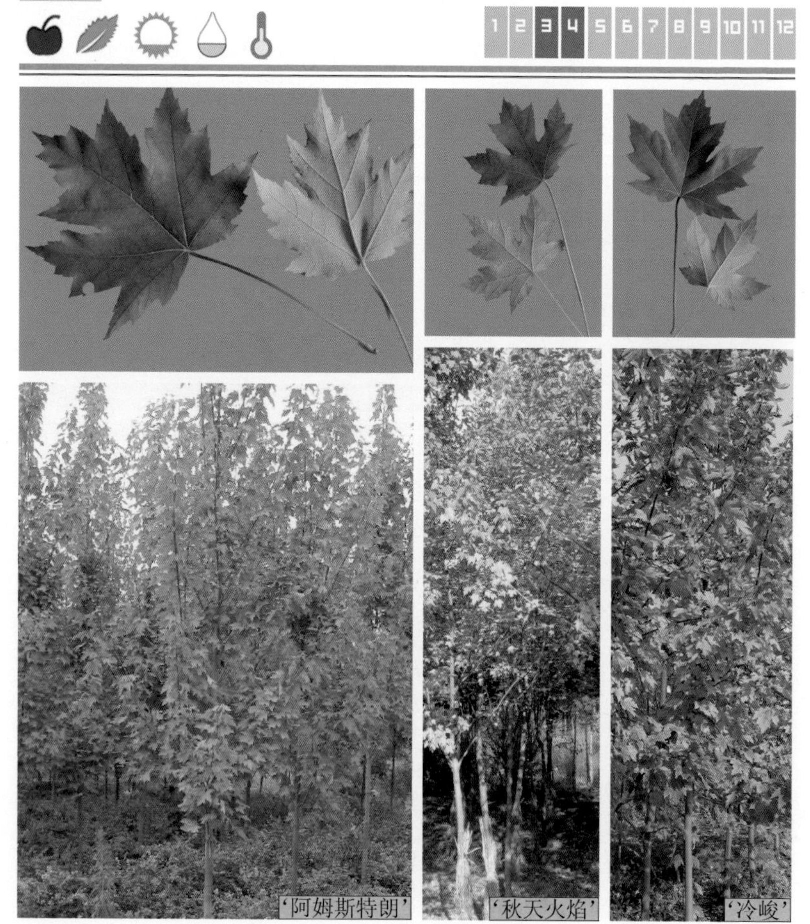
'阿姆斯特朗' '秋天火焰' '冷峻'

## 147. 建始槭（三叶槭，亨氏槭，亨利槭）

学名 *Acer henryi*　　科属 槭树科　槭属

产地与分布 中国的特有植物，主产于我国华东、华中、西南地区。现华北南部以南有栽培。

主要识别特征 高可达10m。树冠卵圆形。干皮浅褐色。一年生枝紫绿色，有短柔毛；二年生枝褐绿色，无毛；冬芽卵形，褐色。三出复叶对生，小叶椭圆或倒卵状椭圆形，长6～12cm，先端钝尖或突尖，基部楔形，全缘或近先端具疏大钝齿，羽状网脉明显，小叶下面脉腋残留黄白色簇毛；叶柄、花柄均被柔毛。花杂性或单性异株，总状花序下垂，淡绿色。翅果扁平，卵形，嫩时淡紫色，熟时黄褐色，翅成锐角或近直角。

园林用途 树形优美，枝叶秀丽，树冠开阔，秋叶变黄或橙色，是微酸性土地区优良的绿化树种。可孤植、群植、丛植，主要用于庭荫树、风景树。

基本属性

1 2 3 4 5 6 7 8 9 10 11 12

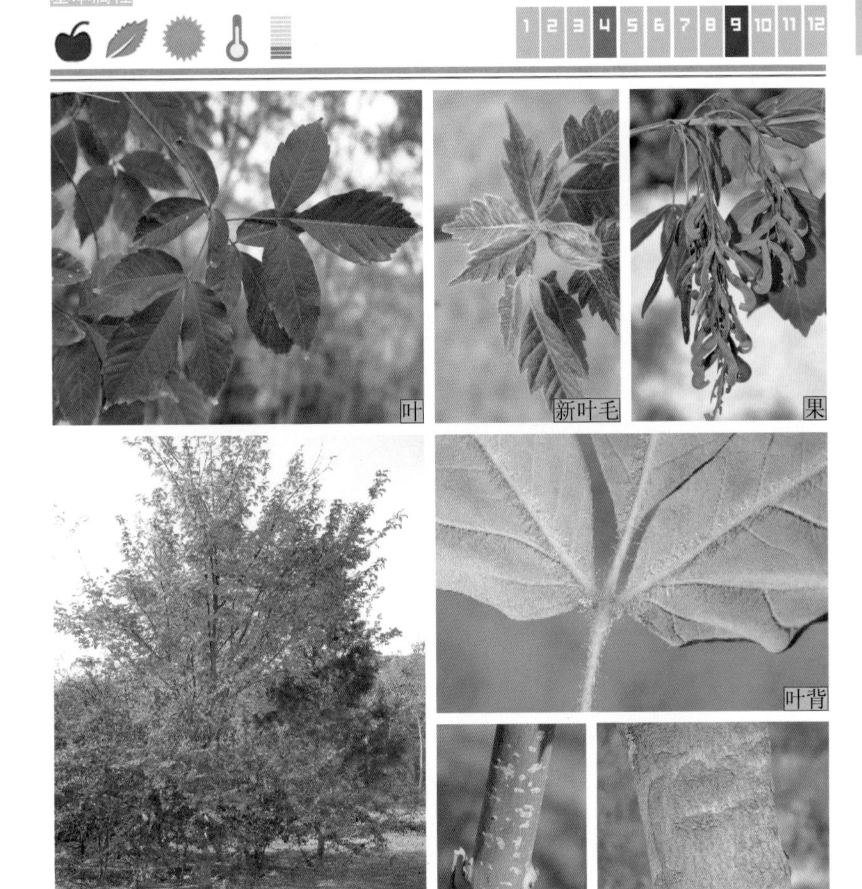

## 148. 黄连木（楷木，黄华）

学名 *Pistacia chinensis* 科属 漆树科 黄连木属

产地与分布 中国原产，华北自黄河以南均有栽培布，南达广东、云南、台湾等地。

主要识别特征 高可达20m。树冠近球形。干皮暗褐色，块状剥落。一年生小枝灰褐至黄褐色；二年生枝灰褐色，无毛，皮孔密集；冬芽卵形，红褐色。偶数羽状复叶互生，小叶5～6对，叶片卵状披针形，长5～8cm，先端长渐尖，基部偏斜，叶全缘。单性异株，先叶开花；雄花呈腋生密总状花序，长5～8cm，紫红色，无花瓣；雌花为腋生疏松圆锥花序，长15～20cm，花淡绿色。核果球形，径约5mm，熟时紫蓝色，红色果多为空粒。

园林用途 树干端直，姿态秀丽，春秋两季叶片均呈红色，先叶开花，雄花紫红，雌花淡绿，极为美观。适于作行道树，庭荫树，或作为草坪、河畔、亭台等处点缀树种，也可与常绿树种混栽，形成多彩景观。

基本属性

## 149. 黄栌（黄栌柴，黄道栌，烟树）

学名 *Cotinus coggygria* 科属 漆树科 黄栌属

产地与分布 华北和西南地区石灰岩山地常有分布；南欧、北美均见。

主要识别特征 高达8m。树冠卵至圆形。树皮暗褐色，浅纵裂，木材黄色具强烈异味。一年生枝灰褐或红褐色，被灰色短绒毛，散生椭圆形锈色皮孔；顶芽宽卵形，暗紫色。单叶互生，倒卵、近圆或卵形，长3～8cm，脉端多分叉；叶柄细长。圆锥花序，小花，黄绿色，多数为不孕花，花后不孕花花梗呈粉红色羽毛状。核果小，肾形，压扁状，侧面中部具残存花柱。

园林用途 夏季羽毛状花梗，远观如轻烟万缕缭绕树冠，故名烟树；秋叶鲜红，是华北主要秋色叶树种和石灰岩山地的先锋树种。可孤植、丛植、林植，适用于各类绿地及荒山造林。

主要品种或变种 ①紫叶黄栌 'Purpureus'：叶常年深紫红色。②垂枝黄栌 'Pendula'：枝条下垂。③毛黄栌 var. *pubescens*：小枝被柔毛；叶宽椭圆形或近圆形，叶脉密被灰白色柔毛，其它处毛较少。④金叶黄栌 'Golden Spirit'：叶金黄色。

基本属性

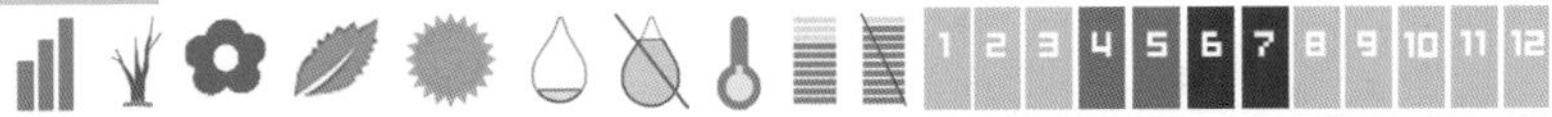

1 2 3 4 5 6 7 8 9 10 11 12

干 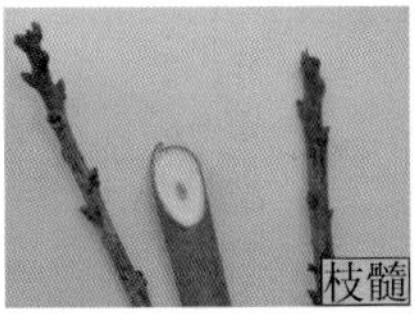 枝髓  花  叶

应用  果

金叶黄栌  紫叶黄栌  株型

## 150. 火炬树（鹿角漆树）

学名 *Rhus typhina* 科属 漆树科 漆树属

产地与分布 原产北美，中国引入。现华北、西北各省区均有栽培分布。

主要识别特征 小乔木，高可达10m。树冠扁圆形。树皮灰褐色，不规则浅纵裂。一年生枝灰褐色；二年生枝深灰色；小枝密被绒毛。奇数羽状复叶，总长达14～44cm，小叶11～25枚，叶片长椭圆至披针形，长5～12cm，先端长渐尖，缘具粗锐锯齿，叶表暗绿，背面苍白，两面密被短绒毛。单性异株。顶生圆锥花序直立，密被绒毛；花淡绿白色；雌花花柱具红色刺毛。果序火炬状，长10～20cm；核果红色，宿存。

园林用途 果穗深红似火炬，秋叶红艳。主要丛植、群植或片林，用于草坪、山坡、林缘及荒山造林。但注意其侵占蔓延。

辨识

| 树种 | 小枝 | 叶 | 花序 | 果 |
| --- | --- | --- | --- | --- |
| 火炬树 | 密被棕黄色绒毛 | 小叶 11~25 | 红色火炬状 | 深红色，密集成火炬形 |
| 盐肤木 | 枝芽密被黄褐色绒毛 | 小叶 7~13，具叶轴翅 | 松散 | 果橘红色 |

基本属性

## 151. 臭椿（樗树，椿树，木砻树）

**学名** *Ailanthus altissima* **科属** 苦木科 臭椿属

**产地与分布** 中国原产，分布极为广泛，北自辽宁南部，南至江西、福建，西至甘肃，东至山东、江苏、浙江等省均有栽培。

**主要识别特征** 高达30m。树冠扁球形。干皮灰白或灰黑色，光滑，老时粗糙或不规则浅纵裂。一年生枝淡褐或红褐色；二年生枝褐色，皮孔明显；侧芽近球形，黄褐或褐色。奇数羽状复叶，互生，小叶13～25枚，卵状披针形，全缘或近波状，叶基两侧各具1～2腺体，叶片揉碎常有恶臭。顶生圆锥花序直立，花淡黄色。翅果扁平，纺锤形，长3～4.5cm.

**园林用途** 树干挺直，树皮光滑，冠如伞盖，叶大荫浓，夏季黄花满树。可作为行道树、庭荫树，尤其适合在荒旱地、盐碱地区和厂矿绿化。

**主要品种或变种** ①千头椿 'Umbraculifera'：分枝密而多，树冠圆头形，整齐美观。②'红叶'臭椿 'Purpuratra'：幼叶红色，有光泽，夏季变绿。③'红果'臭椿 'Erythocarpa'：果红褐色。

**辨识**

| 树种 | 科属 | 干皮 | 枝叶 | 花 | 果 |
|---|---|---|---|---|---|
| 臭椿 | 苦木科臭椿属 | 灰色灰白色，平滑或微纵裂 | 臭气，奇数羽状复叶，叶基具1~2腺体 | 花色淡黄 | 翅果扁平，纺锤形 |
| 香椿 | 楝科香椿属 | 灰白色，深纵裂 | 香气，偶数羽状复叶为主 | 花白色 | 蒴果，卵或椭圆形 |

**基本属性**

1 2 3 4 5 6 7 8 9 10 11 12

## 152. 苦楝（楝，楝树）

**学名** *Melia azedarach* **科属** 楝科 苦楝属

**产地与分布** 温带和亚热带树种，分布范围广阔，主要分布于黄河、长江和珠江流域及西南各省，华北地区主要分布于河北及山西南部地区的丘陵平原地带。

**主要识别特征** 高可达25m。树冠平顶伞形。树皮紫褐至黑褐色，微纵裂，老树深纵裂。一年生枝灰绿色；二年生枝淡褐色，密被短柔毛，皮孔白色明显；侧芽球形。全株具有苦味。2～3回奇数羽状复叶，互生，小叶卵、椭圆至披针形，长3～8cm，缘具钝齿或浅裂，两面光滑。腋生聚伞状圆锥花序，长约25～30cm；小花径约1cm，淡紫色，花瓣、花萼5～6，有香气。核果肉质，球形，淡黄色，具长果梗，宿存。

**园林用途** 干端直，枝横展，叶秀丽，夏花紫，秋叶、秋果黄色，果经冬不凋。适用于庭荫树、行道树等，常用于草坪、水岸、坡地、路边及工厂绿化。

**主要品种或变种** 伞形楝树 'Umbracuformis'：分枝密，树冠伞形；叶下垂，小叶狭。

**基本属性**

## 153. 香椿（椿，椿芽树，香椿头，白椿）

**学名** *Toona sinensis* **科属** 楝科 香椿属

**产地与分布** 主要分布于黄河中、下游及长江两岸。

**主要识别特征** 高可达25m。树冠卵圆至圆球形。树皮深灰或深褐色，纵裂，条片状脱落。一年生枝灰绿或红褐色；二年生枝暗黄褐色，白色蜡质。羽状复叶互生，多为偶数，小叶6～10对，卵状披针或卵状长椭圆形，长10～15cm，幼叶紫红或绿色，成年叶绿，轻披白色蜡质。顶生圆锥花序，下垂；小花白色，径约5mm，芳香。蒴果，狭椭圆或近卵形，长约2cm，红褐色，开裂成钟形。

**园林用途** 干通直，冠开阔，嫩叶红艳，花繁叶茂，气味芳香，是北方优良的“四旁”绿化树种。可点植、孤植、列植和丛植，常用作庭荫树、行道树等。

**基本属性**

## 154. 厚壳树（梭罗树）

学名　*Ehretia acuminata*　　科属　紫草科　厚壳树属

产地与分布　产于我国华中、华东及西南地区；越南、印尼、澳大利亚及日本也有。

主要识别特征　高达18m。树皮灰黑色，条裂。小枝黄褐或赤褐色，皮孔明显，无毛。叶椭圆、倒卵至长圆状倒卵形，长5～13cm，整齐锯齿内弯，无毛或疏柔毛；叶柄长1.5～2.5cm。圆锥花序长10～20cm，被毛至近无毛；无柄花生于花序分枝上，芳香，密集，白色花冠钟状，5裂，裂片长圆形，较花冠筒长。核果近球形，径约4mm，橘红色。

园林用途　冠大荫浓，树形挺立。可孤植、丛植、列植，用于庭荫树或行道树。

基本属性

叶　果　花　干　株型

## 155. 粗糠

学名 *Ehretia macrophylla* 科属 紫草科 厚壳树属

产地与分布 产于台湾地区、西南、华南、华东、河南、陕西、甘肃南部、青海南部。

主要识别特征 高达15m。树冠开阔。树皮灰褐色，纵裂。小枝淡褐色，被柔毛。互生叶宽椭圆形至椭，长9～25cm，先端渐尖，基部阔楔至近圆形，具锯齿，表面粗糙，背面密生柔毛；叶柄长1～4cm，被柔毛。伞房状圆锥花序，径6～9cm；花冠钟形，白或淡黄色，长0.8～1cm，芳香，近无梗；裂片长圆形，比花冠筒短。近球形核果黄色，径1～1.5cm。

园林用途 华荫如盖，秋果累累，鲜黄亮丽。可孤植、丛植、林植，用作庭荫树、风景树及防护树种。

基本属性

果 花 应用 叶 叶背密生柔毛 干

## 156. 雪柳（五谷树，挂梁青，珍珠花）

学名 *Fontanesia fortunei* 科属 木犀科 雪柳属

产地与分布 产于河北、陕西、山东、江苏、安徽、浙江、河南及湖北东部。

主要识别特征 高可达5m。树皮灰褐色，浅纵裂，条状剥裂。一年生枝淡黄褐或淡绿色；二年生枝灰黄色，近四棱形，无毛，皮孔疏生，梢端常枯死；冬芽宽卵形，褐色。各部无毛。单叶对生，披针或卵状披针形，长3～11cm，先端渐尖，基部楔形，全缘，叶表光绿，叶背淡绿色，叶脉下面突起。花叶同放；圆锥花序顶生或腋生；花白色微绿，有香气。果卵至倒卵形，扁平，先端微凹，缘具窄翅；花柱宿存。

园林用途 叶细如柳，白花如雪，芳香怡人，是优良的蜜源植物及观花树种。可孤植、丛植或片植于池畔、坡地、路旁、崖边或边缘，颇具雅趣。也可以用于庭院房屋前后或作防风林、绿篱等。

基本属性

1 2 3 4 5 6 7 8 9 10 11 12

## 157. 白蜡（蜡条，青榔木，白荆树）

学名 *Fraxinus chinensis*　　科属 木犀科　白蜡属

产地与分布　中国原产，自东北中部至华南、西南；朝鲜、越南也有。

主要识别特征　高可达15m。树冠卵圆至圆形。干皮灰褐色，稍见皱裂。一、二年生枝灰黄或灰色；鳞芽叠生。奇数羽状复叶对生，小叶多7枚（5～9），缘具疏浅尖锯齿，叶表光滑无毛，背面沿脉有毛。雌雄异株。圆锥花序着生于当年生枝顶，长8～15cm，松散；小花无花瓣，花萼钟状4裂。翅果，倒披针形，长3～4.5cm，翅长与果体近相等。

园林用途　树干通直，枝叶繁茂，秋叶金黄，是优良的秋色叶树种。可作行道树、庭荫树及风景林树种，用于道路、草坪、水岸边，可作盐碱地及工厂绿化树种。

主要品种或变种　金叶白蜡'Aurea'：叶金黄色。

基本属性

1 2 3 4 5 6 7 8 9 10 11 12

## 158. 绒毛白蜡（津白蜡，绒毛梣）

学名 *Fraxinus velutina* 科属 木犀科 白蜡属

产地与分布 原产美国得克萨斯州等西南各州，我国广泛引种栽培。

主要识别特征 高可达10m。树冠球形。树干通直，干皮深灰色，光滑，有浅纵裂。一年生枝灰色，二年生枝深灰色，密被短绒毛，皮孔黄灰色，节微扁；冬芽紫黑色，密被绒毛。奇数羽状复叶对生，小叶常5枚（3～7），叶片卵圆形，长2～7cm，先端急尖，基部宽楔形，两面被毛，背面毛更密，全缘或中部以上有圆齿。雌雄异株。圆锥花序侧生于去年生枝之叶腋，花序轴被毛；有花萼无花瓣。翅果长1～2cm，翅长略短于果体，宿存。

园林用途 冠圆干直，枝繁叶茂，秋叶鲜黄，是华北平原盐碱涝洼地带最好的绿化树种。常用作行道树、庭荫树及风景林。

基本属性

1 2 3 4 5 6 7 8 9 10 11 12

## 159. 美国白蜡树

学名 *Fraxinus americana* 科属 木犀科 白蜡属

产地与分布 原产北美。黑龙江以南、华北、华中等地引种栽培。

主要识别特征 高可达40m。树冠卵或倒杯形。枝条下垂，小枝绿褐色，无毛。羽状复叶对生，小叶7（5～9），卵至卵状披针或阔椭圆形，长8～15cm，全缘或端部具钝齿，叶表暗绿色，叶背灰绿色，具乳头状突起，无毛或近无毛。圆锥花序生于去年生枝侧；花单性异株，叶前开放；无花瓣。翅果披针或倒披针形，长2～5cm，不下延或稍下延，果序宿存。

园林用途 树干挺直，树形优美，秋叶红黄，鲜艳夺目。可孤植、列植或丛植，宜作城市行道树、庭荫树及防护林树种。

主要品种或变种 ①秋景 'Autumn Applause'：秋叶暗红色至红褐色。②秋色 'Autumn Blaze'：秋叶紫色。③秋紫 'Autumn Purple'：秋叶红至深红色。④玫瑰山 'Rose Hill'：叶表暗绿色，叶背色浅，秋叶红铜色。

基本属性

1 2 3 4 5 6 7 8 9 10 11 12

### 160. 大叶白蜡

学名 *Fraxinus rhynchophylla* 科属 木犀科 白蜡属

产地与分布 产于东北、华北至长江流域；俄罗斯、朝鲜也有分布。

主要识别特征 高可达20m。树冠球形。干皮灰或暗灰色，平滑，老时细纵裂。小枝褐绿或灰褐色。奇数羽状复叶对生，小叶3～7，多为5，广卵、长卵或椭圆状倒卵形，长5～15cm，顶端中间小叶特大，基部阔楔或圆形，先端尖或钝尖，粗钝圆齿，叶背脉上具褐毛，叶基下延，常与小叶柄结合。圆锥花序顶生或侧生于当年枝上；与叶同时开放，无花冠。翅果倒披针状，先端钝或凹，长3～4cm。

园林用途 树干挺直，树冠如伞，树形优美，秋叶鲜黄。可孤植、列植或群植，主要用作庭荫树、行道树或风景林。

基本属性

1 2 3 4 5 6 7 8 9 10 11 12

## 161. 水曲柳（东北梣）

学名 *Fraxinus mandshurica* 科属 木犀科 白蜡属

产地与分布 国家二级保护植物。分布于东北、华北、西北等地；俄罗斯也有分布。

主要识别特征 树冠球至卵形。树皮灰褐色，老时浅纵裂。一年生枝略呈四棱，灰绿或黄色，二年生枝灰棕色，皮孔白色。羽状复叶对生；叶轴有狭翅和沟槽；小叶7～11（13），矩圆状披针或卵状披针形，长6～16cm，宽2～5cm，先端长渐尖，基部楔或阔楔形，缘具细尖锯齿，叶表面沿叶脉和小叶基部密被黄褐色绒毛。圆锥花序侧生于去年生枝上，花序轴有狭翅；花单性异株，无花被；翅果矩圆状披针形，扭曲，顶端钝圆、微凹或钝尖，果翅下延，熟时褐黄绿色。

园林用途 树干挺拔，枝叶茂密，秋叶金黄，色彩明亮，是优良的园林绿化树种。可孤植、丛植、列植及群植，主要用作庭荫树、行道树及风景树。

基本属性

1 2 3 4 5 6 7 8 9 10 11 12

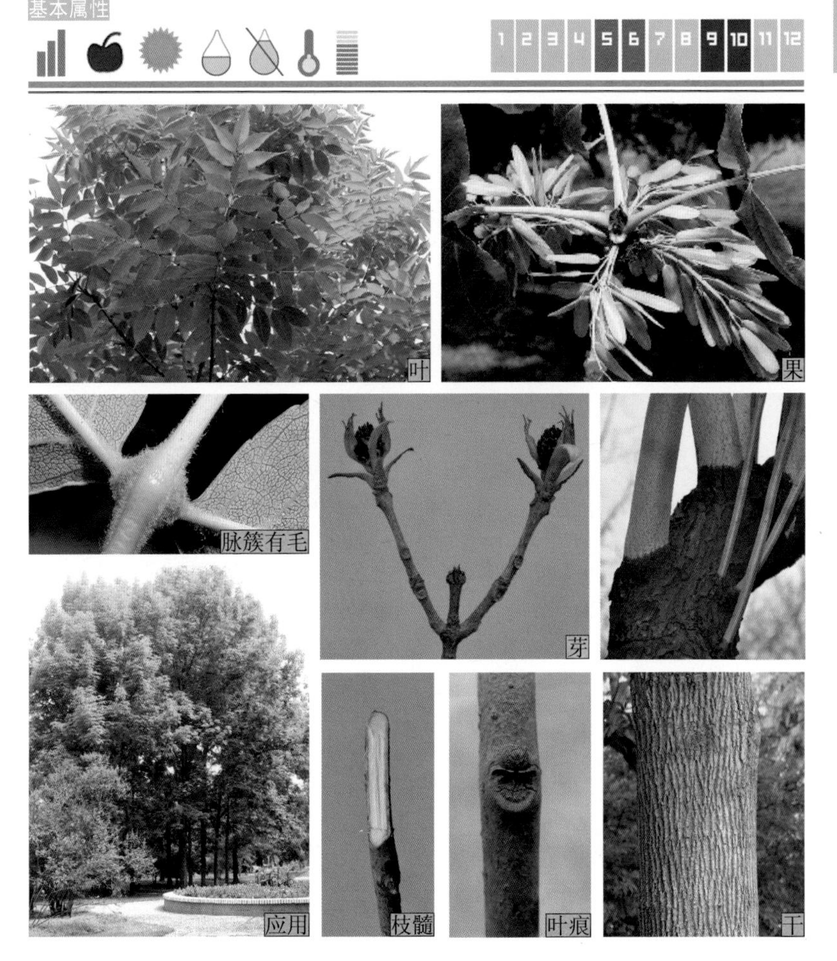

## 162. 对节白蜡（湖北梣）

学名 *Fraxinus hupehensis* 科属 木犀科 白蜡属

产地与分布 我国特产，分布于湖北省。目前华北及以南地区栽培。

主要识别特征 高可达19m。树皮深灰色，老时纵裂。小枝挺直，灰白色，侧生小枝常呈棘刺状，树节稠密且垂直对称。奇数羽状复叶对生，小叶7～9（11），叶轴具窄翅，叶片披针至卵状披针形，长1.5～5cm，宽0.6～1.8cm，先端渐尖，基部楔形，缘具细锐锯齿，齿端微内曲，叶表无毛，叶背沿中脉基部被柔毛。圆锥花序簇生于去年生枝上；花杂性。翅果窄倒披针形。

园林用途 树形优美，盘根错节，苍老挺秀，树枝茂密，叶色苍翠，细小秀丽，是高观赏价值名贵树种。公园、风景区、城区街道、行政机关、企业、院校和家庭小院最理想的绿化、美化、净化树种。目前，园林中大多修剪成造型极好的盆景状姿态。

基本属性

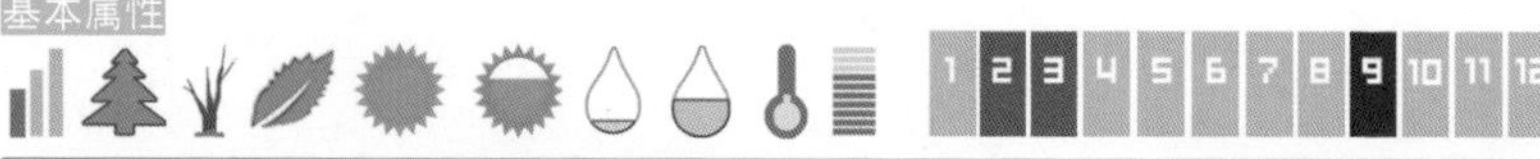

## 163. 暴马丁香（暴马子，阿穆尔丁香）

**学名** *Syringa reticulata* var. *amurensis* **科属** 木犀科 丁香属

**产地与分布** 主要分布于我国东北、华北、西北东部；朝鲜、日本、俄罗斯也有分布。

**主要识别特征** 小乔木，高可达10m。树冠圆球形。树皮紫灰色，粗糙稍翘起。一年生枝灰绿或黄绿色，二年生枝灰褐色；枝、干皮孔明显。芽卵形，黄棕色。叶卵至宽卵形，长5～10cm，先端渐尖，基部截或圆形，叶表皱褶而叶背侧脉隆起。圆锥花序大而松散；花白或黄白色，4深裂，径4～5mm，雄蕊长约为花冠裂片的2倍。蒴果矩圆形，先端钝，常具疣状突起，宿存。

**园林用途** 夏季开花，开花较晚，洁白美丽，浓香。常丛植、群植或对植于庭院、草坪等地，是丁香专类园骨干树种。

**辨识**

| 树种 | 叶 | 花 | 果 |
|---|---|---|---|
| 暴马丁香 | 卵形至宽卵形，基部截形或圆形；叶面皱褶而背面侧脉明显隆起 | 雄蕊长≈花冠裂片的2倍 | 先端钝 |
| 北京丁香 | 长卵形，叶基楔形；叶面平坦或微隆起 | 雄蕊长≈花冠裂片 | 先端尖 |

**基本属性**

1 2 3 4 5 6 7 8 9 10 11 12

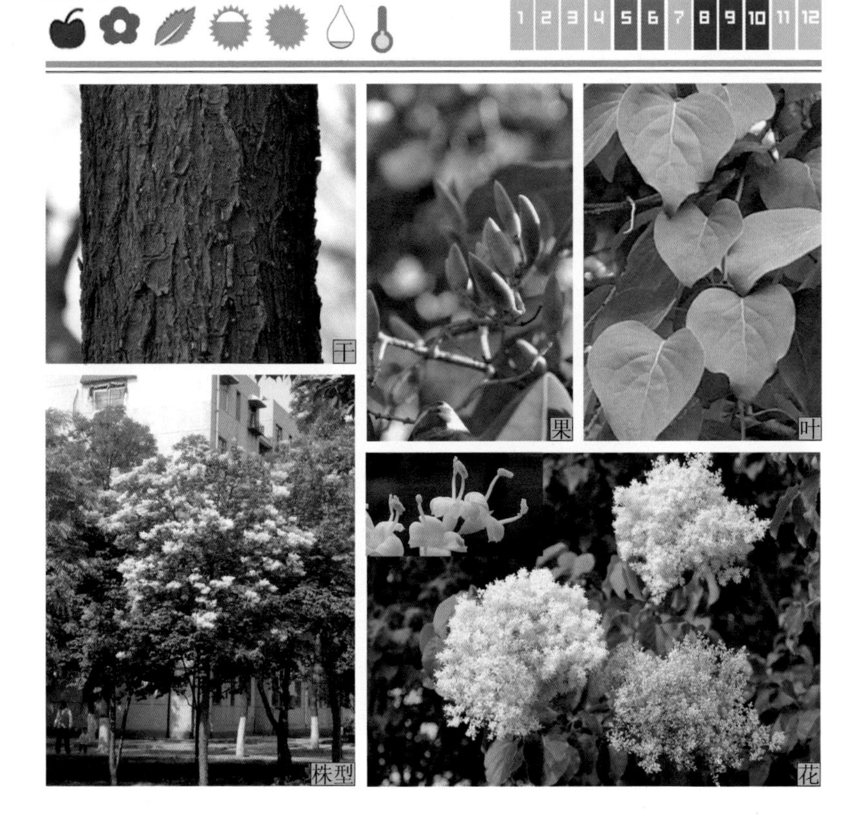

## 164. 北京丁香（山丁香）

学名 *Syringa pekinensis* 科属 木犀科 丁香属

产地与分布 广布于河北、内蒙古、山西、陕西、宁夏、甘肃、河南、四川等地。

主要识别特征 灌木或小乔木，高可达5m。树皮黑灰色，纵裂。一年生枝赤褐色，具白色皮孔；芽小。单叶对生，卵至卵状披针形，长4～10cm，纸质，无毛，先端渐尖，基部楔至近圆形，叶表暗绿色，叶背灰绿色，全缘。圆锥花序，长8～15cm，花冠白色，芳香，径5～6mm，花冠筒与花萼近等长；雄蕊与花冠裂片等长。蒴果矩圆形，顶端尖至长渐尖，长0.9～2cm，平滑或具疣状突起。

园林用途 树冠圆润，花开夏季，白色芳香，花期长久，是北方常见香花乔木。可孤植、丛植、群植，适用于庭院、路旁、山坡，是丁香园骨干树种。

主要品种或变种 北京‘金圆’黄丁香‘Jin Yuan’：花黄色醒目。

基本属性

花
叶
果
干

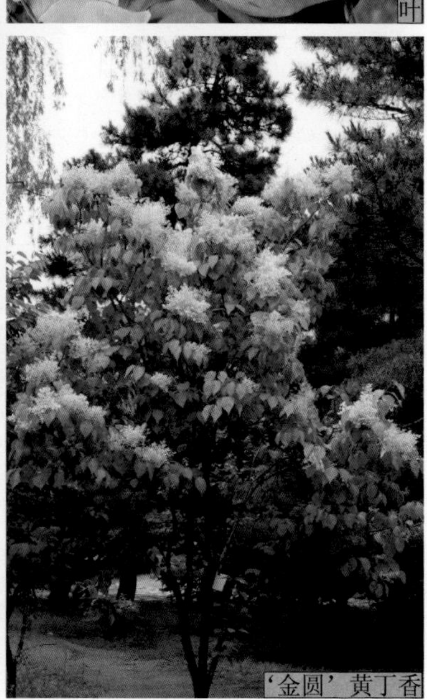
‘金圆’黄丁香

## 165. 紫丁香（丁香，华北紫丁香）

**学名** *Syringa oblata* **科属** 木犀科 丁香属

**产地与分布** 中国原产，华北常见栽培，故名华北紫丁香。

**主要识别特征** 灌木或小乔木，高可达5m。干皮暗灰色，浅沟裂。枝条呈假2叉状分枝；一年生枝略呈四棱，灰或灰棕色；二年生枝深灰色，无毛，皮孔明显，圆形；叶痕隆起，黄色；无顶芽，侧芽卵形，暗紫红色。单叶对生，宽卵形，先端短锐尖，基部心或宽楔形，全缘，两面无毛。顶生圆锥花序，长6～15cm；花冠漏斗状，长10～12mm，4裂，淡紫色，萼瓣4，萼上微有腺点。蒴果，长1～1.5cm，端尖，光滑。

**园林用途** 叶宽大光滑，花冠淡紫色，芳香，早春花叶同放，是中国传统花木。可用庭院等多种绿地环境。

**主要品种或变种** ①白丁香 'Alba'：花白色，叶较小。②紫萼丁香 var. *giradii*：花序轴与花萼同为紫蓝色，圆锥花序细长。③朝鲜丁香 var. *dilatata*：叶卵形，长可达12cm，先端渐尖，基部截形；花冠筒长1.2～1.5cm。

**辨识**

| 树种 | 叶 | 秋叶 | 花 | 花药 |
|---|---|---|---|---|
| 紫丁香 | 长＜宽，基部心形 | 红黄 | 堇紫色 | 着生花冠筒中部或中上部 |
| 欧洲丁香 | 长＞宽，基部广楔或截形 | 绿色 | 蓝紫色 | 着生于花冠筒喉部 |

**基本属性**

  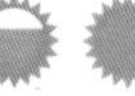  

花序

果

叶

白丁香花

株型

## 166. 欧洲丁香（洋丁香）

学名 *Syringa vulgaris* 科属 木犀科 丁香属

产地与分布 产于欧洲中部至东南部。我国引种栽培。

主要识别特征 灌木或小乔木，高达5m，树冠开阔。树皮灰色。一年生枝灰绿色。对生叶卵形，长大于宽，先端渐尖，基部阔楔至截形，全缘，厚纸质。花高脚碟状，蓝紫色花冠裂片较宽，花药着生于花冠筒喉部稍下。蒴果具疣状突起。

园林用途 同紫丁香。

主要品种或变种 ①白花欧洲顶香 'Alba'；②蓝花欧洲丁香 'Coerulea'；③紫花欧洲丁香 'Purpurea'；④堇紫欧洲丁香 'Violacea'；⑤红花欧洲丁香 'Ruba'；⑥重瓣欧洲丁香 'Plena'；⑦白花重瓣欧洲丁香 'Albo-plena'。

基本属性

1 2 3 4 5 6 7 8 9 10 11 12

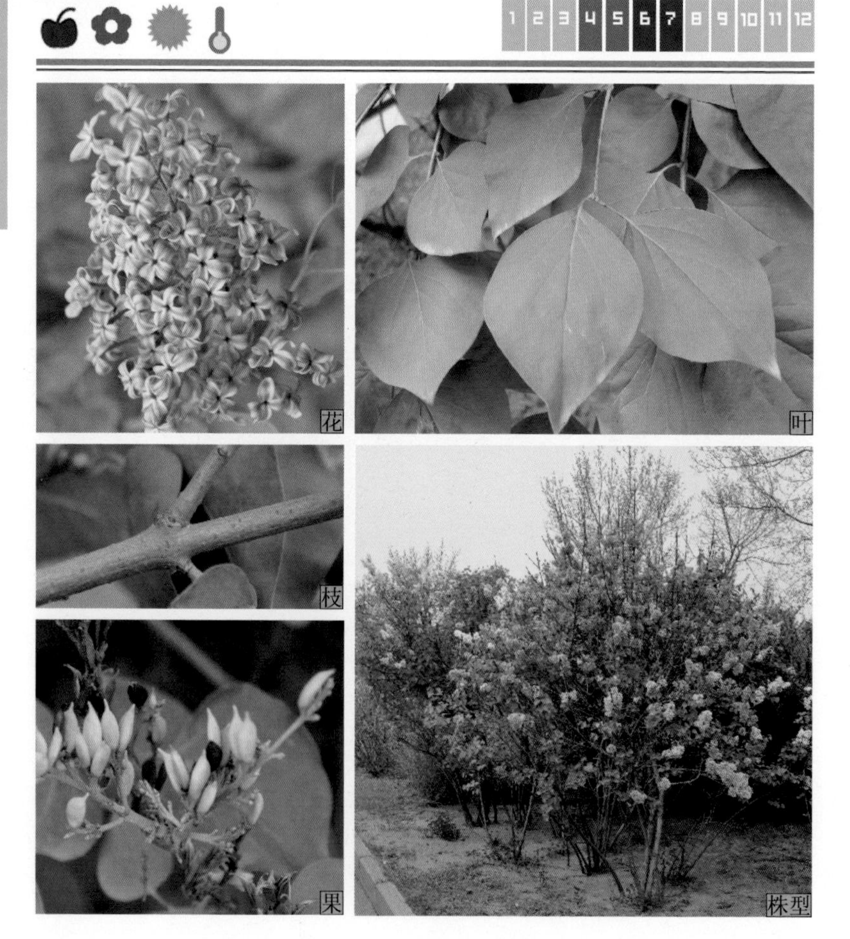

## 167. 流苏（萝卜丝花，缕花木）

学名 *Chionanthus retusus*　　科属 木犀科　流苏树属

产地与分布　中国原产，华北、华东、华南及西南地区均有栽培分布。

主要识别特征　高可达20m。干皮深灰褐色，浅纵裂。一年生枝灰绿色，皮孔明显黄褐色；枝皮常卷裂；顶芽卵状圆锥形，灰黄色或棕色，叠生。单叶对生，薄革质，椭圆或长圆形，长3～10cm，先端钝圆或微凹，基部宽楔形，两面光滑，仅叶背的叶脉和叶柄有黄褐色短柔毛，全缘。顶生聚伞状圆锥花序，长5～12cm；花乳白色，芳香，花冠4深裂几乎到达基部，裂片长披针形，呈流苏状，故名流苏树。核果椭圆形，长约1cm，暗蓝色，被白粉。

园林用途　树冠圆整，白花清雅秀丽，开花时节如白雪压枝，醒目壮观，芳香四溢，是雅俗共赏的传统花木。可孤植、丛植于多种绿地环境，也可用作树桩盆景。

基本属性

1 2 3 4 5 6 7 8 9 10 11 12

## 168. 毛泡桐（紫花泡桐，紫桐，绒毛泡桐，籽桐）

学名　*Paulownia tomentosa*　　科属　玄参科　泡桐属

产地与分布　中国原产，主产我国黄河流域。

主要识别特征　高可达15m。树冠宽大呈伞形。干皮灰褐色，幼光滑，老浅纵裂。小枝绿褐色，髓空心，淡黄褐色突起圆或长圆形皮孔。单叶互生，大型叶片宽卵至卵状心形，全缘或3～5裂；叶表被长柔毛、腺毛及分枝毛，叶背密生白色树枝状毛；有长叶柄。大型顶生聚伞状圆锥花序长；花冠漏斗形，淡紫或蓝紫色，5裂，外密被短毛。蒴果卵圆形，长3～4cm，端具喙尖，果皮木质，宿存。

园林用途　树冠美观，干形端直，叶形硕大，花色淡紫，是良好的四旁绿化速生树。

基本属性

## 169. 梓树（黄花楸，大叶梧桐，木角树，臭梧桐）

**学名** *Catalpa ovata*　　**科属** 紫葳科　梓属

**产地与分布** 原产我国华北、东北、西北、华东、华中等地，尤以山东栽培历史悠久，号称“桑梓之邦”。

**主要识别特征** 高可达8m。干皮暗灰色，浅细纵裂。一年生枝黄褐色；二年生枝灰紫褐色被刚毛；圆形皮孔密生，淡褐色；芽宽卵形，暗褐色。大型单叶对生或轮生，阔卵形或近圆形，长宽可达20cm以上，叶全缘，偶3～5浅裂，先端渐尖，基部圆或心形，基脉5～7出，叶表有黄短毛，叶背脉腋处有紫褐色腺斑；叶柄长，嫩时被毛及黏质。顶生圆锥花序；花冠钟形，淡黄色，筒部有深黄色条纹及紫色斑点。蒴果，长圆柱形，经冬不落；种子扁条形，两端有毛。

**园林用途** 干挺拔，叶宽大，冠淡黄，内具紫斑，花色艳丽，良好的四旁绿化树种。

**辨识**

| 名称 | 叶 | 叶腺斑 | 花序 | 花色 |
|---|---|---|---|---|
| 梓树 | 有黏质毛，常3~5裂 | 紫色 | 圆锥花序 | 淡黄色 |
| 黄金树 | 背面有柔毛 | 绿色 | 圆锥花序 | 白色 |
| 楸树 | 光滑，嫩叶青铜红色 | 紫色 | 总状或伞房状 | 白色 |
| 灰楸 | 枝、叶、花序被白色分枝毛 | 紫色 | 总状或伞房状 | 浅粉色或淡紫色 |

**基本属性**

1 2 3 4 5 6 7 8 9 10 11 12

枝

叶痕

干

叶

株型

花

紫褐腺斑

果

冬态

## 170. 楸树（金丝楸，梓桐，小叶梧桐）

学名　*Catalpa bungei*　　科属　紫葳科　梓属

产地与分布　中国原产，长江流域及黄河流域。

主要识别特征　高可达8m。干皮暗灰色，浅细纵裂。一年生枝黄褐色，二年生枝灰紫褐色被刚毛，皮孔密生淡褐色圆形；芽宽卵形，暗褐色。大型单叶对生或轮生，三角状卵或卵状长圆形，长6～15cm，叶全缘，偶3～5浅裂，先端渐尖，基部圆或心形，基脉5～7出，叶表有黄短毛，叶背脉腋处有紫褐色腺斑；叶柄长，嫩时被毛及黏质。顶生圆锥花序；花冠钟形，白色或淡粉色，筒部有深黄色条纹及紫色斑点，花萼紫红色。蒴果，长圆柱形，经冬不落。种子扁条形，两端有毛。

园林用途　同梓树。

基本属性

叶

干

花

应用

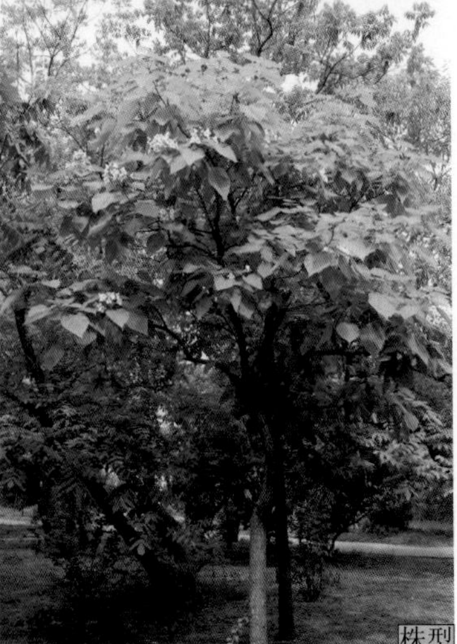
株型

## 171. 灰楸（川楸）

学名 *Catalpa fargesii* 科属 紫葳科 梓属

产地与分布 产于我国陕西、甘肃、华北、中南、华南、西南。

主要识别特征 高可达20m。树冠阔卵形。干皮深灰色。小枝灰褐色，皮孔圆形，突起。单叶对生或轮生，卵形或三角状心形，长13～20cm，先端渐尖，基部平截或微心形，掌状脉3出，脉腋间有紫色腺斑，全缘或3浅裂。幼枝、花序、叶柄均被分枝毛。圆锥花序，花冠浅红或浅紫色，喉部有紫褐色斑点。蒴果长25～55cm；径约5.5mm。

园林用途 树干通直，花繁叶茂，果形奇特，是北方优良四旁绿化树种。可孤植、丛植、列植、群植，主要用于庭荫树、行道树及风景林树种。

基本属性

1 2 3 4 5 6 7 8 9 10 11 12

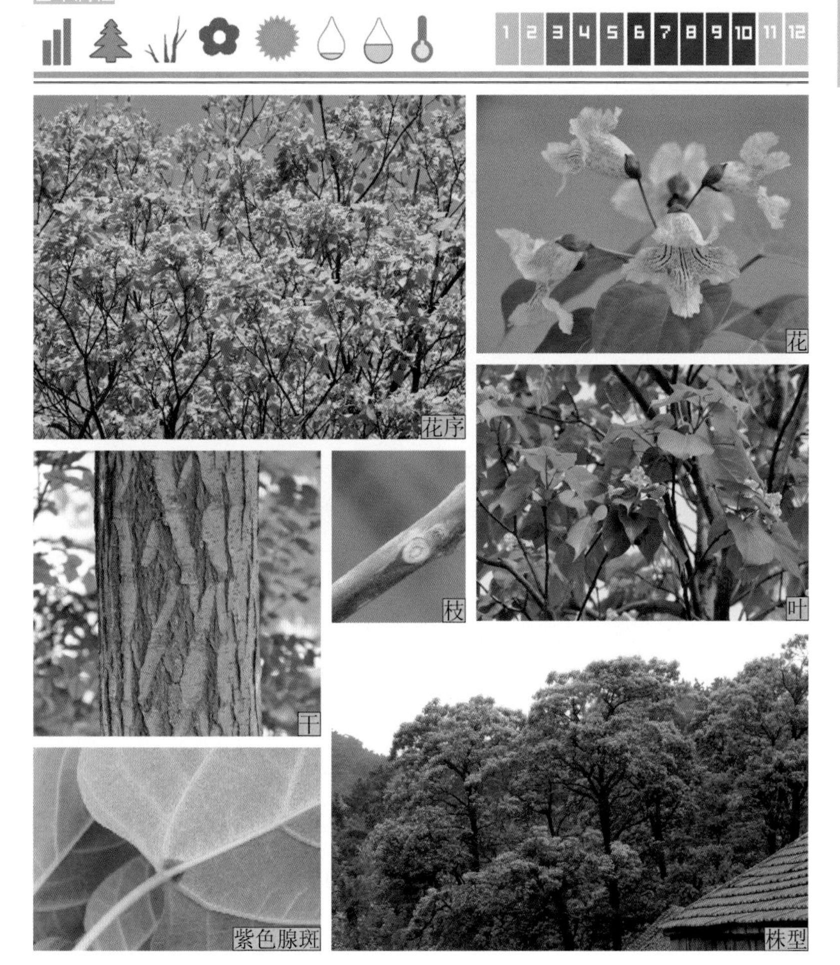

## 172. 黄金树（白花梓树）

学名 *Catalpa speciosa* 科属 紫葳科 梓属

产地与分布 原产美国中部。黄河及长江流域各省有栽培。

主要识别特征 高可达30m，常高约10m。树冠卵圆形。树皮灰褐色，浅纵裂。小枝灰绿带紫褐色，无毛；皮孔散生，圆形，突起；侧芽扁球形，长1～2mm，无毛；叶痕近圆形。单叶对生，卵、广卵至卵状矩圆形，长15～30cm，先端长渐尖，基部截或圆形，全缘，背面有柔毛，掌状3出脉，基部脉腋有绿色腺斑。圆锥花序顶生，花白色，花冠径约6cm，内有黄色条纹及紫色斑点。蒴果较粗短，通常20～40cm，果径10～18mm。

园林用途 树干直挺，树冠开阔，花美果奇，可作为庭荫树及行道树。因在我国生长缓慢，表现不如楸梓，应用受到限制。

基本属性

## 173. 接骨木（公道树，千千活）

学名 *Sambucus williamsii*　　科属 忍冬科　接骨木属

产地与分布　产于我国东北、华北、华东、华中、西北及西南地区。

主要识别特征　高达8m。常灌木状。树皮暗灰色。一年生枝淡灰褐色，二年生枝浅黄色，无毛，皮孔隆起。奇数羽状复叶对生，小叶5～11，长卵至椭圆状披针形，长5～12cm，先端尖至渐尖，基部楔形，常不对称，缘具锯齿，通常无毛；揉碎有臭味。顶生圆锥状聚伞花序，长7cm；小花白至淡黄色，5裂。核果浆果状，球形，红或紫黑色。

园林用途　树形优美，春季花色雪白，夏秋果实鲜红，是优良的观赏树种。适于林缘、草坪、水岸等丛植或做绿篱，也可用于防护林。

辨识

| 树种 | 髓心 | 花序 | 果 | 花药 |
|---|---|---|---|---|
| 接骨木 | 淡黄褐色 | 圆锥状聚伞花序 | 红色 | 着生花冠筒中部或中上部 |
| 西洋接骨木 | 白色 | 聚伞花序伞房状 | 黑色 | 着生于花冠筒喉部 |

基本属性

1 2 3 4 5 6 7 8 9 10 11 12

## 174. 西洋接骨木

**学名** *Sambucus nigra*　　**科属** 忍冬科　接骨木属

**产地与分布** 原产南欧、北非及西亚地区。我国引种栽培。

**主要识别特征** 高可达10m。树冠伞形。树皮灰褐色，深裂；全株密被皮孔，圆形，显著。一年生枝棕褐色；二年生枝灰褐色，无毛；枝髓海绵质，白色。奇数羽状复叶对生，小叶3～7，通常5枚，椭圆或椭圆状卵形，长4～10cm，先端渐尖或尾尖，基部楔或圆钝，具尖锐锯齿，叶表深亮绿色，叶背浅绿色；叶柄基部、叶轴及叶背叶脉间疏被短毛；叶揉碎后有臭味。复伞房花序顶生；花黄白色，有臭味。果实成熟黑色，光亮。

**园林用途** 树形优美，树冠如伞，花繁色白，果黑而亮，是优美的绿化树种。可丛植、对植等，适用于小型绿地及建筑入口，也用于草坪、山坡、路旁等绿化。

**主要品种或变种** ①金边接骨木 'Aureo-marginata'：叶缘具不规则淡黄色斑块。②金叶接骨木 'Aurea'：叶金黄色，小叶通常5枚。③紫叶接骨木 'Purpurea'：幼叶暗绿色，成熟后紫黑色。

**基本属性**

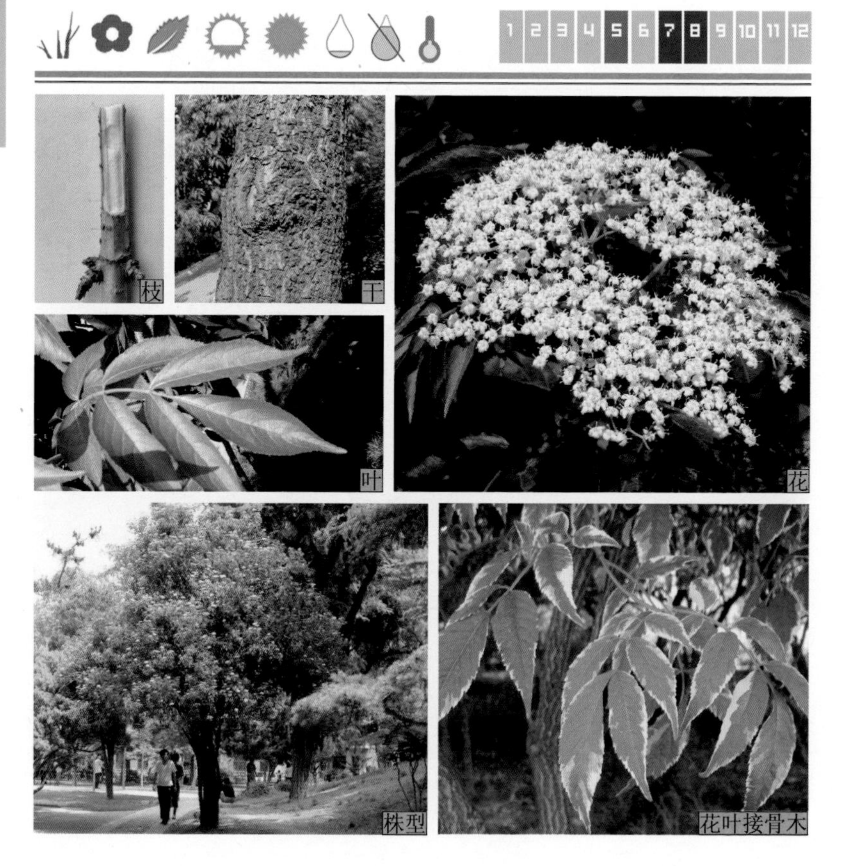

## 175. 金银木（金银忍冬）

学名 *Lonicera maackii* 科属 忍冬科 忍冬属

产地与分布 产于我国东北、华北、华东、西南、陕西、甘肃及西藏；朝鲜、俄罗斯、日本也有分布。

主要识别特征 灌木或小乔木，高达6m。小枝灰黄色，髓初黑褐色或变中空，被毛。对生叶卵状椭圆至卵状披针形，长3～8cm，先端渐尖，基部宽楔或圆形，两面疏被柔毛，全缘。花成对生于叶腋；总花梗短于叶柄，小苞片合生。唇形花冠长约2cm，白色后变黄色，芳香。红色浆果球形，径5～6mm，宿存。

园林用途 花黄白镶嵌，秋果红亮，为优良的观花观果树种。可点植、丛植、列植于建筑物的阴面、林缘。

基本属性

1 2 3 4 5 6 7 8 9 10 11 12

## 176. 铺地柏（爬地柏，矮桧，匍地柏）

**学名** *Sabina procumbens* **科属** 柏科 圆柏属

**产地与分布** 原产日本。我国引种栽培。

**主要识别特征** 匍匐状，近无主干，枝斜向上，沿地面扩展，枝皮赤褐色。刺形叶，三叶轮生或交叉对生，叶长5～8mm，深绿色，叶表中脉凹陷，两侧各有一条白色气孔带，叶背蓝绿色，基部有2白色斑点，中脉突起。雌雄异株。雌雄球花单生于小枝。球果扁球形，径约8mm，黑色被白粉。球果翌年秋季成熟。

**园林用途** 蜿蜒匍匐于地面，良好的木本地被植物。可布置岩石园或制作树桩盆景。

**辨识**

| 树种 | 干、皮 | 小枝 | 叶 |
| --- | --- | --- | --- |
| 铺地柏（爬地柏） | 近无主干，枝皮赤褐色 | 匍匐于地面 | 全部为刺形叶，中脉突起。叶表中脉凹陷，两侧各有一条白色气孔带 |
| 砂地柏（叉子圆柏） | 近无主干，枝皮赤褐色 | 枝斜前伸展 | 幼树刺叶为主，老树多鳞叶；球果着生于下弯小枝顶。叶揉碎有异味 |
| 偃柏 圆柏变种 | 主干明显，干皮鳞片状脱落，枝条紫褐色 | 大枝铺地，小枝向上伸出 | 幼树有鳞叶和刺叶之分，老树全部为鳞叶 |

**基本属性**

枝

枝

株型

冬态

## 177. 砂地柏（叉子圆柏，臭柏，双子柏）

**学名** *Sabina vulgaris* **科属** 柏科 圆柏属

**产地与分布** 分布于我国西北、内蒙古；蒙古、欧洲也有分布。

**主要识别特征** 匍匐斜展状，高约1m。枝叶密集，向上斜伸。叶交互对生，幼树常为刺形叶，壮龄树多鳞叶少刺形叶，先端钝或微尖，背面中部具腺体。球果生于长而垂曲的小枝顶端，呈倒卵至球形，长5～9mm，多少被白粉，暗褐或紫黑色。

**园林用途** 植株低矮，斜展于地面。适用于地被、基础栽植、水土保持及防风固沙。

**基本属性**

株型

叶

叶

应用

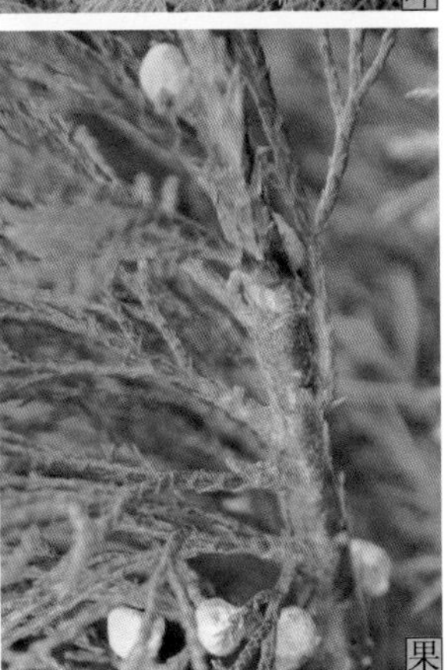
果

## 178. 粉柏（翠柏）

**学名** *Sabina squamata* 'Meyeri' **科属** 柏科 圆柏属

**产地与分布** 高山柏*Sabina squamata*的品种。黄河流域至长江流域常见栽培。

**主要识别特征** 高1～3m。树冠近圆球形。树皮深灰色，不规则片状剥落。小枝棕褐色。蓝绿色叶全为刺形，长6～10mm，3叶轮生，排列紧密，被两面被白粉。球果卵圆形，径约6mm。

**园林用途** 枝叶紧密，叶色蓝绿。可孤植、点植、丛植于山坡、草坪、林缘或与景石相配。

**基本属性**

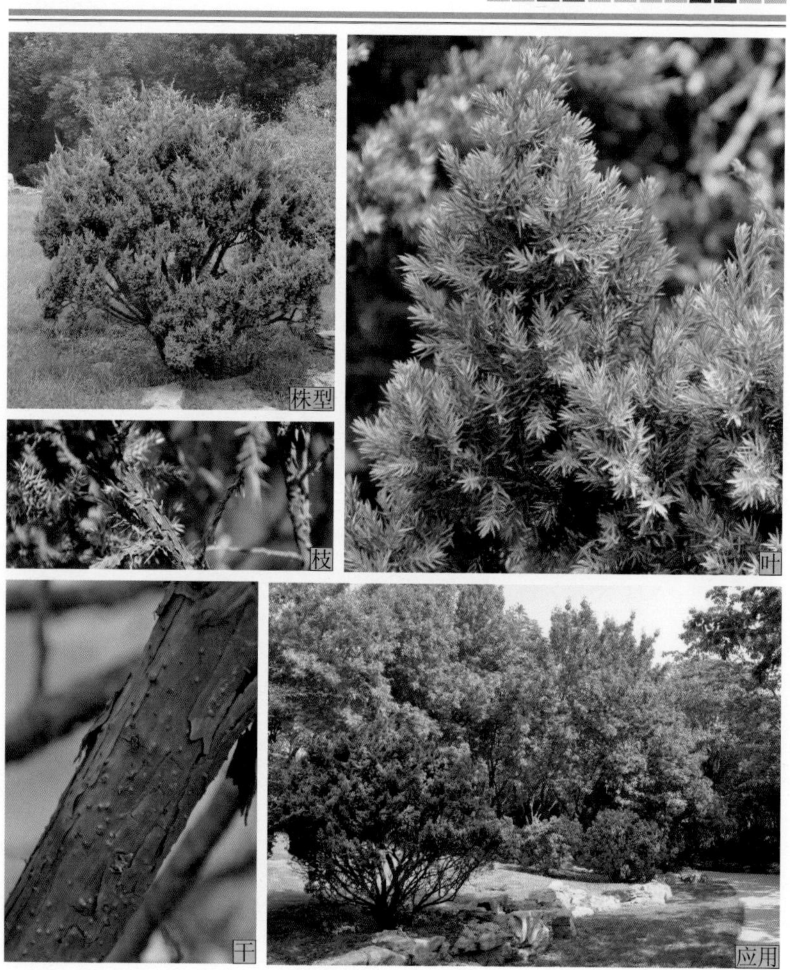

## 179. 矮紫杉（伽罗木，矮丛紫杉）

学名 *Taxus cuspidate* var. *umbraculifera*　　科属 柏科　圆柏属

产地与分布　原产于日本、朝鲜。我国引种栽培。

主要识别特征　植株矮小，高1～2m。主干直立，侧枝多而斜生。叶条形，螺旋状着生，长1.5～2.5cm，宽约2mm，基部扭转排成假二列状，顶端锐尖头。雌雄异株。果实有1粒种；假种皮红褐色。

园林用途 植株低矮，斜展于地面。适用于地被、基础栽植、水土保持及防风固沙。

主要品种或变种　①金叶矮紫杉 'Nana Aurea'：叶片金黄或黄绿色。②微型矮紫杉 'Minima'：植株低矮，只有45cm。

基本属性

叶

应用

枝

干

应用

## 180. 狭叶十大功劳（十大功劳，黄天竹）

**学名** *Mahonia fortunei* **科属** 小檗科 十大功劳属

**产地与分布** 热带树种，以湖北、四川、浙江分布最为集中。现长江流域广为栽培，华北地区有少量栽培。济南可露地越冬，小气候生长较好。

**主要识别特征** 高达2m。叶鞘抱茎。奇数羽状复叶，小叶5～9枚，狭披针形，长8～12cm，叶硬革质，叶表亮绿，叶背淡绿，两面平滑无毛，缘有针刺状锯齿6～13对。顶生直立总状花序簇生，花黄色，有香气。浆果卵形、蓝黑色，微被白粉。

**园林用途** 树干挺直，叶形奇特，黄花密集，具有独特观赏价值，是草坪、假山、岩隙、河边等环境良好点缀树种及地被。耐阴性强，可作为林缘下木或绿篱应用。也可用于工矿绿化或盆栽观赏。

**辨识**

| 树种 | 枝 | 枝 | 叶 | 叶缘 | 花 | 果 |
|---|---|---|---|---|---|---|
| 狭叶十大功劳 | 灰绿色 | 无刺 | 奇数羽状复叶，狭披针形 | 6～13对，针刺状锯齿 | 总状花序集生枝端 | 蓝黑色，附白粉 |
| 豪猪刺 | 黄色，有棱角 | 刺三分叉 | 单叶互生，叶披针至倒披针形 | 5～10对，刺齿 | 簇生叶腋 | 黑色，附白粉 |
| 南天竹 | 绿色 | 丛生少分枝 | 2～3回羽状复叶 | 全缘 | 圆锥花序 | 果红色 |

**基本属性**

枝

果

花

株型

枝叶

## 181. 阔叶十大功劳（土黄柏）

**学名** *Mahonia bealei*　　**科属** 小檗科　十大功劳属

**产地与分布** 主要分布于我国中部、东南及西南部地区。

**主要识别特征** 高达4m。丛生直立枝，分枝少。奇数羽状复叶互生，长25～40cm；小叶7～15，卵形厚革质，长4～12cm，先端渐尖，基部阔楔或近圆形，内缘具1～4刺齿，外缘3～6刺齿，边缘反卷，表面蓝绿色，背面黄绿色；顶生小叶较侧生叶大。6～9条总状花序簇生枝顶，直立，长5～10cm；小花褐黄色，芳香，花瓣6，花萼9。蓝灰色卵形浆果，被白粉，长约1cm。

**园林用途** 植株紧凑，叶色亮绿。常群植、丛植于山坡、草坪、林下、林缘等，也可用作绿篱、刺篱或地被。

**基本属性**

1 2 3 4 5 6 7 8 9 10 11 12

## 182. 南天竹（天竺）

**学名** *Nandina domestica*　　**科属** 小檗科　南天竹属

**产地与分布** 主产中国及日本。我国黄河流域以南常见栽培。

**主要识别特征** 丛生状，高达2m。干直立，丛生且少分枝。2～3回羽状复叶，互生，叶基具膨大抱茎鞘状总柄，中轴具关节。小叶椭圆状披针形，长3～10cm，先端渐尖，基部楔形，全缘无毛，叶脉在叶背隆起。顶生直立圆锥花序，长20～35cm。小花白色，径6～7mm，萼片多轮，每轮3枚，雄蕊6枚，与花瓣对生。浆果球形，径约8mm，鲜红色，花柱与果宿存。

**园林用途** 茎干丛生，枝叶扶疏，夏季白花如雪，翠绿叶秋季转红且红果累累，经冬不凋，集观花、枝、叶于一体的优良花灌木。可丛植、片植、群植或列植于庭院、草坪、路边、水畔等。古典园林常点缀假山、漏窗、粉墙营造意境。可制作盆景。

**主要品种或变种** ①火焰南天竹 'Fire power'：植株低矮，枝叶密集，幼叶及冬叶亮红色至紫红色，初秋叶变红色，变色期早。②玉果南天竹 'Leucocarpa'：果熟时黄白色，冬叶不变红。③橙果南天竹 'Aurentiaca'：果熟时橙黄色。④细叶南天竹 'Capillaris'：植株矮小，叶狭窄如丝。⑤五彩南天竹 'Porphrocarpa'：植株矮小，叶密狭长，叶色多变，多见紫色，果熟时淡紫色。

**基本属性**

## 183. 山茶花（山茶，茶花，曼陀罗树，耐冬，洋茶，山春）

**学名** *Camellia japonica*　　**科属** 山茶科　山茶属

**产地与分布** 我国主产长江流域各省，分布浙、赣、川及山东青岛崂山等地；日本也有分布。

**主要识别特征** 高达9m，常灌木状。全株光滑无毛。枝条黄褐色，小枝绿、绿紫或紫褐色。单叶互生，革质，椭圆、卵至倒卵形，长4～10cm，先端渐尖或急尖，基部圆或宽楔形，叶表亮绿，叶背淡绿，叶缘具细齿；叶柄粗短。花单生或2～3朵生于枝顶或叶腋，深红或粉红，先端有凹缺，雄蕊多数，花药金黄。蒴果圆形，径2.2～3.2cm，木质。

**园林用途** 树姿优美，枝叶茂密，叶色亮绿，花姿绰约，花色鲜艳，花期长久，品种繁多，中国著名传统花木。可孤植、丛植、片植，广泛用于庭院、公园、自然风景区、名胜古迹及工矿绿化，或建专类园。华北地区除近海地点外，温室盆栽越冬。可制作盆景。

**辨识**

| 树种 | 小枝 | 叶 | 叶脉 | 花 | 花期 |
|---|---|---|---|---|---|
| 山茶 | 光滑 | 革质，椭圆、卵至倒卵形 | 不明显 | 大，径5～6cm，红或粉色 | 2～4月 |
| 茶 | 光滑 | 薄革质，长椭圆形 | 明显而略下陷 | 2～3cm，花梗下弯 | 9～10月 |
| 茶梅 | 有毛 | 小而厚，较山茶薄，椭圆形至长圆形 | 有疏毛 | 平展，白或红色，子房密被白毛 | 9～11月至翌年1～3月 |

**基本属性**

花　果　枝

株型　果　干

## 184. 海桐（海桐花）

**学名** *Pittosporum tobira* **科属** 海桐花科 海桐花属

**产地与分布** 产于我国东南沿海各省，华北地区多有引进栽培；日本、朝鲜也有分布。

**主要识别特征** 高2～6m，常灌木状。树冠圆球形。干皮深灰褐色。小枝灰色近轮生；幼枝青绿色被柔毛，后脱落。单叶互生，革质，多聚生于枝顶，倒卵状椭圆形，长5～12cm，全缘叶，叶表浓绿光亮，主脉在叶背突起。顶生伞房花序，密被黄褐色柔毛；花小白色，后转黄，径约1cm，微有香气。蒴果卵球形，3棱，径1～1.5cm，花柱宿存，熟时3瓣裂。鲜红色假种皮。

**园林用途** 树冠圆球形，枝叶繁茂，叶亮绿秀丽。夏花清丽芳香，秋果开裂种子红鲜亮丽，是集观姿、叶、花、果于一体的观赏常绿灌木，是北方园林表现良好的常绿阔叶树种之一。可孤植、丛植或作绿篱、盆栽。

**主要品种或变种** 银边海桐 'Variegatum'：叶片边缘白色。

**基本属性**

叶

枝

花

银边海桐

干

果

株型

应用

## 185. 火棘（火把果，救军粮）

学名 *Pyracantha fortuneana* 科属 蔷薇科 火棘属

产地与分布 产于我国东部、中部及西部省区。

主要识别特征 高达3m。树皮暗灰色。枝拱形下垂，幼时有锈色柔毛，后脱落，短侧枝常成刺状。叶倒卵或倒卵状长椭圆形，长1.5～6cm，薄革质，端圆钝，中微凹，基楔形，边缘锯齿疏钝，近基部全缘，无毛。复伞房花序，花白色，小花径约1cm。果近球形，红色，径约5mm。

园林用途 枝繁叶密，丛状多姿，初夏繁花如雪，秋季红果似火，秋冬季优良观果树种。可丛植、孤植于草坪、路边、坡土、池畔、假山等处，也可用作绿篱及盆景。

主要品种或变种 ①橙红火棘 'Orang Glow'：果成熟时为橙红色。②斑叶火棘 'Variegata'：叶缘具白色或黄白色斑纹，形状不规则。

基本属性

1 2 3 4 5 6 7 8 9 10 11 12

枝 叶 花 应用 果 株型 斑叶火棘

## 186. 红叶石楠

**学名** *Photinia serratifolia* **科属** 蔷薇科 石楠属

**产地与分布** 主产于我国长江及秦岭以南地区；日本、印度也有分布。

**主要识别特征** 或小乔木，高4～6m，树冠圆球形。干皮块状剥落，幼枝绿或红褐色。单叶互生，厚革质，长椭圆形，长9～22cm，两面光滑，仅幼叶背面中脉微具毛。缘具细锯齿。复伞房花序，花白色，径6～8mm。梨果，红色，萼片宿存。

**园林用途** 新叶红亮，花白果红，优良观花、果于一体的常绿树。常对植、丛植于草坪、庭院、路旁、水岸等，也可用作绿篱、绿墙。

**基本属性**

株型 叶 叶 花蕾 花 应用

## 187. 胡颓子（羊奶子）

学名 *Elaeagnus pungens* 科属 胡颓子科 胡颓子属

产地与分布 分布于我国长江流域及以南各省区；日本也有分布。

主要识别特征 直立，高3～4m。树皮灰黑色，具棘刺。一年生枝淡灰黄色，被锈褐色鳞片。叶厚革质，椭圆至矩圆形，长5～7cm，两端钝边缘微波状，表面绿色，有光泽，叶背银白，叶柄粗壮，两者同被锈褐色鳞片。花小银白色，无花瓣，下垂；萼筒圆筒或漏斗形，长5.5～7mm，上部4裂，被锈褐色鳞片。果实椭球形，红色，长约1.6cm，被锈褐色鳞片。果翌年5月成熟。

园林用途 全株几乎覆被锈褐色鳞片，果红而美丽，适应性强，常丛植或孤植于各类绿地，也可群植或作绿篱。

基本属性

1 2 3 4 5 6 7 8 9 10 11 12

## 188. 大叶黄杨（冬青卫矛，正木）

**学名** *Euonymus japonicus* **科属** 卫矛科 卫矛属

**产地与分布** 原产日本，中国引进栽培，全国各地普遍分布。

**主要识别特征** 或小乔木。小枝绿色稍见4棱。单叶对生，革质，长椭圆形，长3～7cm，先端圆，基部楔形，缘具钝齿，光滑无毛；有短叶柄。腋生二歧聚伞花序，花序梗长2.5～3.5cm，2～3回分枝；花部4数，花黄白带绿。蒴果扁球形，熟时暗红，花柱宿存。种子椭圆形，被红色假种皮。

**园林用途** 叶光绿净洁，花清淡秀雅，秋果暗红，假种皮亮红。常对植、篱植、丛植、群植，可修剪多种造型，适用于草坪、花坛、门前、宅边及厂矿等。

**主要品种或变种** ①金边大叶黄杨 'Aureo-marginatus'：叶边缘金黄色。②金心大叶黄杨 'Aureo-pictus'：叶中脉周围，或叶端、叶柄常为金黄色。③银边大叶黄杨 'Albo- marginatus'：叶缘白色。④斑叶大叶黄杨 'Ducd' Anjou'：叶卵形，较大，具灰和黄色斑纹。⑤北海道黄杨 'Cuzhi'：树形陡峭，叶椭圆、卵至近圆形，果大，径约1cm。⑥金叶大叶黄杨 'Microphyllus But-terscotch'：叶金黄色。

**基本属性**

株型 叶 花 枝 果 干 应用 金边 金心

## 189. 枸骨（鸟不宿，老虎刺）

学名 *Ilex cornuta* 科属 冬青科 枸骨属

产地与分布 中国原产，主要分布于长江流域，华北地区自北京以南多见栽培。

主要识别特征 高达3～4m。树冠宽圆形。干皮灰白平滑。绿色小枝开展密集。互生单叶，硬革质，矩圆状长方形，长3～10cm，先端宽大，有3枚硬刺齿，基平截，两侧各1～2枚硬刺齿，叶表光绿。聚伞花序常簇生于2年枝叶腋内；花部4数，辐状花冠黄绿色。浆果状核果鲜红色，径8～10mm。

园林用途 枝干稠密，叶形奇特，叶光绿，果红艳，良好的观叶、观果树种。适用于花坛、草坪、假山、路口等环境，具点睛作用，也可作树桩盆景。

主要品种或变种 ①无刺枸骨 var. *fortunei*：叶缘全缘，无刺齿。②黄果枸骨 'Luteocarpa'：果黄色。

基本属性

1 2 3 4 5 6 7 8 9 10 11 12

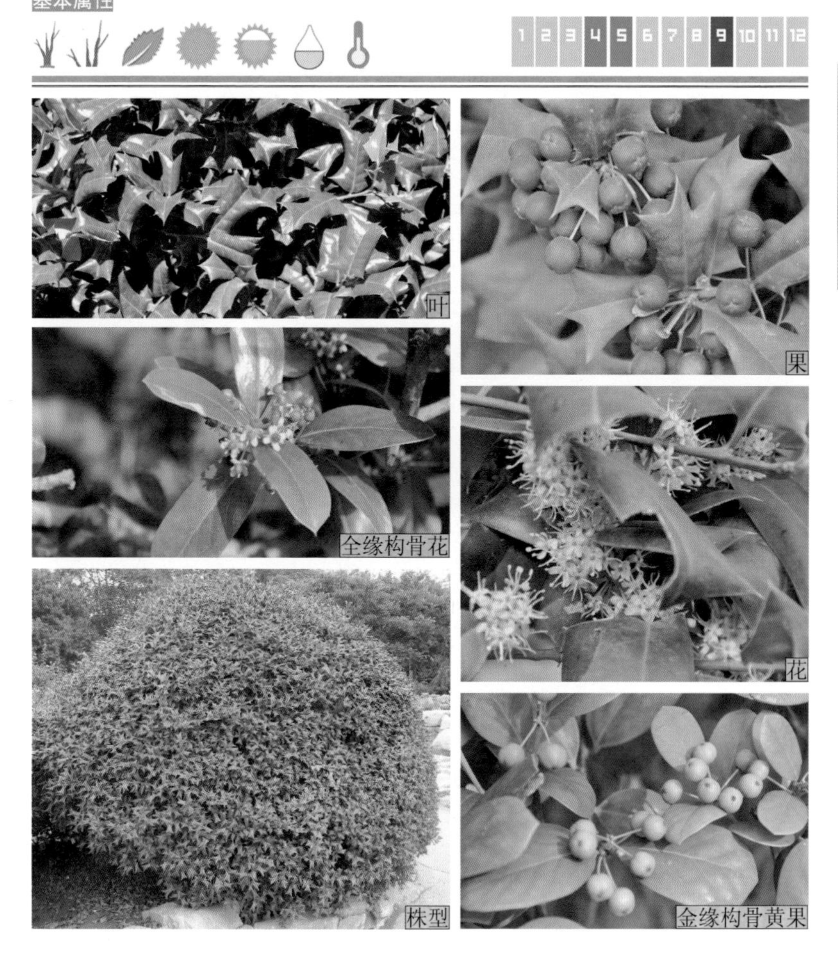

叶

果

全缘枸骨花

花

株型

金缘枸骨黄果

## 190. 黄杨（瓜子黄杨）

**学名** *Buxus sinica* **科属** 黄杨科 黄杨属

**产地与分布** 中国原产，分布于我国北部及中部地区。现自北京以南各省区多见栽培。

**主要识别特征** 高可达2m。干皮淡灰褐色。枝条圆柱形，灰白色具纵棱，嫩枝4棱形。单叶对生，革质，倒卵状长圆形，长1.5～3cm，先端圆钝或微凹，基部楔形，叶表光绿，中脉隆起，叶背黄绿，沿中脉密被白色钟乳体（或线状疣体）。腋生总状花序密集成头状，密被短柔毛；雌花单生于花序顶端；余均为绿白色的无花瓣雄花。蒴果近球形，花柱宿存，熟时3瓣裂。

**园林用途** 叶片光绿，树冠圆满，是常绿园林观叶灌木。最适宜于阴湿处配植，可点缀于草坪、花坛，也可用作绿篱和树桩盆景。

**辨识**

| 树种 | 叶 | 花 |
| --- | --- | --- |
| 黄杨 | 倒卵状长圆形，最宽处在中部以上 | 雄花不育雌蕊与萼片近等长 |
| 锦熟黄杨 | 椭圆至卵状长圆形，中部或以下最宽 | 雄花不育雌蕊仅及1/2萼片长 |

**基本属性**

花

干

应用

株型

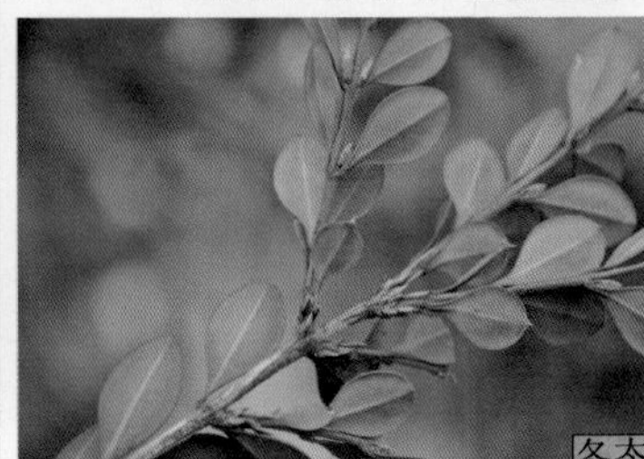
叶

冬态

## 191. 八角金盘（八手，手树，八金盘）

**学名** *Fatsia japonica* **科属** 五加科 八角金盘属

**产地与分布** 原产于日本南部。我国长江流域广泛栽植。

**主要识别特征** 或小乔木，高可达5m，常丛生灌木状。树皮灰黄或灰色。嫩枝灰绿色粗壮，初被褐色毛。单叶互生，常集生枝顶，近圆形，革质，长12～30cm，掌状7～9深裂，8裂为主，基部心形，缘具粗齿；叶柄基部膨大，长于或近等长叶片。圆球状伞形花序集生为顶生圆锥花序，长20～40cm；花小，5瓣，黄白色。浆果球形，黑色，径5～8mm。果翌年4月成熟。

**园林用途** 直立丛生，叶片、花序硕大美丽。可群植、丛植或点植，适用于建筑阴面、立交桥下、林下、林缘、水边等环境。

**基本属性**

1 2 3 4 5 6 7 8 9 10 11 12

## 192. 日本女贞

**学名** *Ligustrum japonicum*　　**科属** 木犀科　女贞属

**产地与分布** 原产于日本。我国长江流域常见栽植。

**主要识别特征** 高3～5m，常灌木状。树皮灰色。小枝灰绿色，初被毛，后脱落。叶对生，革质，卵圆形，长4～8cm，先端短渐尖或钝，基部近圆形至阔楔形，叶表亮绿，叶背黄绿色。圆锥花序顶生，长6～15cm；小花白色，钟形，花冠裂片4，短或近等于花冠筒。核果近圆形，黑色。

**园林用途** 植株紧凑，叶绿亮，花白果红。可列植、丛植于草坪、路边及建筑周围等，常用作绿篱、绿墙。

**基本属性**

株型　花　枝叶　果　叶　金森女贞（叶）　应用

## 193. 皱叶荚蒾（枇杷叶荚蒾，山枇杷）

**学名** *Viburnum rhytidophyllum* **科属** 忍冬科 荚蒾属

**产地与分布** 原产于我国陕西南部、湖北西部、四川及贵州。

**主要识别特征** 高达4m。树冠开展。树皮灰黑色，粗糙。幼枝、芽、叶背、叶柄及花序、萼筒均被褐色星状绒毛；裸芽。单叶对生，厚革质，卵状长圆至长圆状披针形，长7～20cm，先端钝，基部圆或近心形，全缘或具小齿，叶面深绿，叶背灰白，叶脉下陷，叶皱缩。复伞形花序，7～12cm；小花黄白色，花冠裂片与筒近等长；雄蕊超出花冠。核果卵球形，先红后黑，长6～8mm。

**园林用途** 四季常绿，秋红果绿叶相配，美丽醒目。常丛植或片植于林缘或路缘等。

**基本属性**

## 194. 阔叶箬竹（寮竹）

学名 *Indocalamus latifolius* 科属 禾本科 箬竹属

产地与分布 原产于中国江苏、浙江、河南、陕西南部。华北地区多见栽培。

主要识别特征 高达3m；径1cm。秆圆筒形，节不隆起，节间长5～20cm，微被毛质地坚韧，近于实心。每节分枝1～3，直立或上举，与主秆近同粗。每枝有1～3片大型叶，长13～21cm，宽1.5～6cm，次生脉6～12对，叶鞘具伏生棕色刚毛，叶鞘外缘有纤毛，叶耳半圆形，耳缘有长毛。秆箨宿存性，较节间短。

园林用途 叶宽大，耐阴性强，耐寒、耐旱、抗贫瘠，是良好地被和护土观赏竹种。

基本属性

## 195. 紫竹（黑竹，乌竹）

学名 *Phyllostachys nigra* 科属 禾本科 刚竹属

产地与分布 原产中国。分布于浙江、江苏、安徽、湖北、湖南、福建及陕西等省。

主要识别特征 干高3～5m，径2～4cm，中部节间长25～30cm。新竹杆深绿色，有细毛茸，具白粉，后脱落，以后逐渐变紫，而成为紫黑色。新杆、箨环、箨鞘均密被刚毛。箨耳镰形，箨舌长而强烈隆起。杆每节具2分枝，每枝有叶2～3枚，叶长6～10cm，宽1～1.5cm。

园林用途 秆形端直，竹杆紫色，清雅宜人，是优良园林绿化树种，可片植或作篱。

基本属性

## 196. 凤尾丝兰

**学名** *Yucca gloriosa* **科属** 百合科 丝兰属

**产地与分布** 原产北美东部和东南部。我国华北地区南部可以露地栽培。

**主要识别特征** 高达2.5m。植株具短干，有时分枝。叶剑形硬直，螺旋排列茎端，被有白粉，长40～80cm，宽4～6cm，顶端硬尖刺状，边缘光滑，老叶边缘有时具疏丝。大型窄圆锥花序，长1～1.5（2）m；花钟状，下垂，乳白色，花被片6，长约5cm，径约端部常带紫晕。蒴果长5～6cm，不开裂。

**园林用途** 叶形似剑，花茎挺直，花色清秀，低垂如铃，花期久长，是良好的观叶、观花植物。可用于草坪、花坛、建筑旁或道路两侧丛植，也可作绿篱或绿化隔离带。

**辨识**

| 树种 | 茎 | 叶缘 | 花 | 花序 | 果 |
|---|---|---|---|---|---|
| 丝兰 | 近无 | 具白色丝状纤维 | 白色，花被离生开展 | 宽大 | 3开裂 |
| 凤尾兰 | 有 | 无 | 乳白，端部紫晕，花被离生合抱 | 狭窄 | 不开裂 |

**基本属性**

## 197. 紫玉兰（木笔，辛夷，木兰）

学名 *Magnolia liliflora* 科属 木兰科 木兰属

产地与分布 我国特有树种，以湖北为发源地。现各地多有引栽。

主要识别特征 或小乔木，高3～5m，常丛生状。小枝短而屈曲，紫褐色，具明显皮孔；芽被黄色细密绢毛。叶椭圆或倒卵状长椭圆形，长8～18 cm，先端急渐尖或突尖，基部楔形并稍下延，全缘；叶表绿色，疏生柔毛，叶背暗绿色，沿脉有柔毛。花瓣片6枚，紫红色，瓣片内面近白色，花萼3枚，淡黄绿色披针形，长约为花瓣的1/3，早落，常有两次开花现象。

园林用途 栽培历史悠久，是中国名贵传统花木。可孤植、丛植，适用于庭院窗前、草坪边缘、湖边、池畔等环境。

辨识

| 树种 | 性质 | 花被片 |
| --- | --- | --- |
| 紫玉兰 | 落叶灌木 | 花瓣 6，花萼 3，披针形，绿色 |
| 紫花玉兰 | 落叶乔木 | 花被片 9 枚 |

基本属性

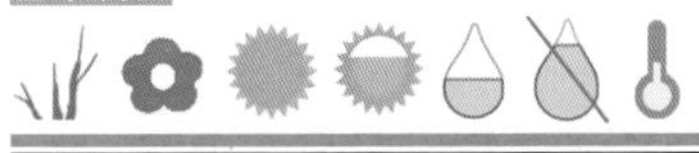

落叶灌木

## 198. 蜡梅（黄梅花，香梅，腊梅，香木）

**学名** *Chimonanthus praecox* **科属** 蜡梅科 蜡梅属

**产地与分布** 中国特有树种，主产湖北、陕西等地。现北京以南各个省区普遍种植。

**主要识别特征** 半常绿，高达3m。干皮灰色，有纵条纹及椭圆形突出皮孔。单叶对生，厚纸质，全缘，椭圆状卵至卵状披针形，长7～15cm，先端渐尖，叶表深绿色具硬毛，用手触摸有粗糙感，叶背光滑。单生于叶腋，叶前开放，外轮蜡黄色，内轮有紫色条纹，有芳香。果实坛状，外被黄褐色的绒毛。

**园林用途** 开花于寒冬早春，芳香四溢，是北方冬季唯一露地开花灌木。既可丛植、对植、列植，又可孤植于庭前、墙角、窗前和假山石旁形成良好景观。蜡梅老根枯干可作盆景。在传统园林中常与松、竹或南天竹相配植烘托“岁寒三友”意境。

**主要品种或变种** ①狗牙蜡梅 'intermedius'：又称狗蝇蜡梅、红心蜡梅、臭梅，叶较原种狭长而尖，质地较薄，花较小，花被片尖狭长，暗黄色，内轮带紫纹，开花迟，香气淡，花后易结实。②素心蜡梅 'luteus'：又称荷花梅，花较大，花瓣内外均为黄色，香气略淡。③馨口蜡梅 'grandiflorus'：叶及花均较大，花瓣圆形，深黄色，内轮有红紫色边缘和条纹，盛开时如馨口状，香气较浓。

**辨识**

| 树种 | 属性 | 叶背 | 花 | 花期 |
|---|---|---|---|---|
| 蜡梅 | 落叶 | 光滑 | 花径2～4cm | 1～3月 |
| 亮叶蜡梅 | 常绿 | 附白粉 | 花径不足1cm，淡黄白色 | 9～11月 |

**基本属性**

## 199. 小檗（日本小檗，山石榴，子檗，极檗）

学名 *Berberis thunbergii* 科属 小檗科 小檗属

产地与分布 原产日本及中国。现我国各地广泛栽培。

主要识别特征 高2～3m。老枝灰褐或紫褐色；小枝红褐色，枝有沟槽并具不分叉的短细针刺。小型单叶互生，倒卵或匙形，长0.5～2cm，先端钝，基部急狭，全缘，叶背附白粉，双面叶脉不显。花淡黄色，腋生1～6朵花呈簇生状伞形花序，径约4mm，花萼瓣化。浆果长椭圆形，长约1cm，亮红色，花柱宿存。

园林用途 植株低矮，枝叶紧凑，入秋变红，春日花黄，秋季果红，是集观叶、观花、观果为一体的观赏树种。可孤植、丛植、片植，也可用作绿篱或模纹花坛等。

辨识

| 树种 | 小枝 | 刺 | 叶 | 花 | 果 |
|---|---|---|---|---|---|
| 小檗 | 红褐色 | 小枝短细针刺，刺不分叉 | 倒卵或匙形，长0.5～2cm | 1～6枚簇生状，伞形花序 | 椭球形 |
| 细叶小檗 | 紫褐色 | 刺单生，短枝有时具三叉刺 | 叶倒披针形，长1.5～4cm | 下垂总状花序 | 卵球形 |

主要品种或变种 ①紫叶小檗 'Atropurpurea'：叶紫红色。②矮紫小檗 'Atropurpurea Nana'：植株低矮，叶为紫色。③桃红小檗 'Rose Glow'：叶桃红色，幼时具黄或褐色条纹。④金边小檗 'Golden Ring'：叶紫红色，边缘金黄色。⑤金叶小檗 'Aurea'：叶黄色。

基本属性

落叶灌木

## 200. 牡丹（富贵花，木芍药，洛阳花）

学名 *Paeonia suffruticosa* 科属 芍药科 芍药属

产地与分布 中国特产，主产西部与北部地区，秦岭有野生。其栽培历史悠久，现各地有栽培，以山东菏泽、河南洛阳最为著名。

主要识别特征 高可达2m。干皮灰黑色。分枝多，枝短粗。二回三出复叶，具长叶柄，顶生小叶卵圆至披针形，长4～8cm，3深裂，裂片先端3～5浅裂，侧生小叶较小，近无柄，斜卵形，叶背被白粉。花大，单生枝顶，径可达10～30cm，单瓣或重瓣；花色丰富，品种繁多。蓇葖果长卵形，密被褐黄色硬毛。

园林用途 中国珍贵的传统花木，花大形美，姿色兼备，色彩丰富，被称'花中之王'，象征着富贵吉祥，繁荣昌盛。可孤植、丛植、片植，多与山石、松、竹相搭配，或建立花台、花池、专类园等，常与芍药混栽，以延长观赏时间。

辨识

| 树种 | 属性 | 叶 | 花 | 蓇葖果 |
| --- | --- | --- | --- | --- |
| 牡丹 | 灌木 | 叶背被白粉，常3小叶顶生 | 单生枝顶 | 密被褐黄色硬毛 |
| 芍药 | 多年生草本 | 叶背粉绿色 | 1～3朵生枝顶或叶腋 | 光滑 |

基本属性

1 2 3 4 5 6 7 8 9 10 11 12

## 201. 金丝桃（土连翘，金丝海棠，五心花）

**学名** *Hypericum monogynum*　　**科属** 藤黄科　金丝桃属

**产地与分布** 产于陕西、河南、长江流域及其以南地区，黄河流域常见栽培；日本也有分布。

**主要识别特征** 或半常绿，高约1m。全株光滑。小枝红褐色。单叶对生，长椭圆形，长4～8cm，先端钝，基部渐狭而稍抱径，叶表绿，叶背粉绿；无柄。花单生或3～7朵组成聚散花序，鲜黄色，花瓣5；雄蕊多数，基部合生成5束，常超出花冠；花柱合生，顶端5裂。蒴果卵圆形，长约1cm，花萼宿存。

**园林用途** 株型美观，自然成球，盛夏开花，金黄艳丽，是优良花木。可丛植、列植或片植于庭院、路边、草坪、假山等处。

**辨识**

| 树种 | 小枝 | 叶 | 雄蕊 | 花柱 |
|---|---|---|---|---|
| 金丝桃 | 圆形 | 长椭圆形 | 雄蕊≥花瓣 | 合生，顶端5裂 |
| 金丝梅 | 圆形具2棱 | 卵状长椭圆形 | 雄蕊<花瓣 | 分离 |

**基本属性**

株型　花　叶　枝　应用　冬态

## 202. 扁担杆（扁担木，孩儿拳头）

学名 *Crewia biloba* 科属 椴树科 扁担杆属

产地与分布 产于我国江西、湖南、浙江、广东、台湾、安徽、四川等地区，自辽宁南部以南广泛分布。

主要识别特征 高约3m。小枝有星状毛。单叶互生，狭菱状卵形，长4～9cm，先端渐尖，基部阔楔至圆形，缘有细重锯齿，基出3脉，叶表偶被毛，叶背被星状毛较密。聚散花序与叶对生，小花3～8朵，花淡黄色。果橙黄至橙红色，2裂，每裂2分核。

园林用途 果实橙红，鲜艳美丽，宿存时间长达数月之久，为良好的观果灌木。一般丛植，或作绿篱，或与山石相配置，野趣十足。

基本属性

| 1 | 2 | 3 | 4 | 5 | 6 | 7 | 8 | 9 | 10 | 11 | 12 |
|---|---|---|---|---|---|---|---|---|---|---|---|

## 203. 木槿

**学名** *Hibiscus syriacus*　　**科属** 锦葵科　木槿属

**产地与分布** 原产我国东北南部及华北地区。华北以南广泛栽培，以长江流域为多。

**主要识别特征** 高约3～4（6）m。干皮暗灰色浅纵裂。小枝幼时密被绒毛，后脱落；柄下芽。单叶互生，叶菱状卵形，长3～6cm，先端常3裂，裂片渐尖或突尖，基部楔形，叶缘具钝齿，叶脉三出，叶背沿脉有毛；叶柄短，被星毛。花单生叶腋，冠钟形，径5～8cm，花色有紫、红、白等，花瓣有单瓣、复瓣和重瓣；花萼（具副萼）被星毛。蒴果，熟时5瓣裂，萼宿存。

**园林用途** 枝叶繁茂，夏花大而艳，色众多，花期长，是优良花木，也是厂矿绿化的重要树种。可丛植、列植，适于草坪、路边、林缘。

**主要品种或变种** ①斑叶木槿‘Argenteo-variegata’：叶片具不规则白色斑块。②大花木槿‘Glandifloeus’：花单瓣，特大，桃红色　③牡丹木槿‘Paeoniflorus’：花重瓣，粉红或淡紫色。④白花木槿‘Totusalbus’：花单瓣，白色。

**辨识**

| 树种 | 叶 | 花 | 果 |
|---|---|---|---|
| 木槿 | 菱状卵形，长3～6cm，先端常3裂，基部楔形 | 单生叶腋，花色众多 | 蒴果长卵圆形，径约1cm |
| 木芙蓉 | 广卵至卵圆形，7～15cm，掌状3～5（7）裂，基部心形 | 花通常白色或粉色，后期逐渐变深红 | 扁球形，径约2.5cm |

**基本属性**

1 2 3 4 5 6 7 8 9 10 11 12

落叶灌木

## 204. 迎红杜鹃（蓝荆子，映山红，尖叶杜鹃）

学名 *Rhododendron mucronulatum*　　科属 杜鹃花科 杜鹃花属

产地与分布 中国原产，华北地区多野生分布。

主要识别特征 高达2m。干皮淡灰色，微有剥裂。小枝、叶片、叶柄、花梗、花萼、蒴果等均具白色腺鳞。单叶互生，卵状披针形，长3～7cm，先端尖锐，基部楔形，全缘。早春先叶开花，单花或2～5朵簇生枝顶，花冠宽漏斗状，深红或淡紫色，雄蕊5长5短，花药紫色；花柱长于雄蕊并伸出花冠外。蒴果短柱状，暗褐色，密被鳞片，熟时5瓣开裂。

园林用途 早春花开鲜艳美丽，满山红遍，故又名映山红。常点植、丛植、片植，适用于庭院、山坡、草坪等，也可用作地被。

辨识

| 树种 | 干皮 | 叶 | 花 |
| --- | --- | --- | --- |
| 兴安杜鹃 | 光滑 | 厚，近革质 | 1～2朵顶生，花冠小，径2～3cm |
| 映红杜鹃 | 微有剥裂 | 纸质 | 2～5朵簇生枝顶，花冠大，径4～5cm |

基本属性

1 2 3 4 5 6 7 8 10 11 11 12

## 205. 山梅花（毛山梅花）

**学名** *Philadelphus incanus* **科属** 八仙花科 山梅花属

**产地与分布** 主产于我国甘肃南部、陕西南部、山西、湖北西部、湖南、四川东部、江苏宜兴、江西庐山、河南、山东等地。

**主要识别特征** 高达3m。树皮褐色，薄片状剥落。小枝褐或灰色，密被柔毛，后脱落。叶卵、长卵或椭圆形，长4～8cm，先端渐尖，基部阔楔至圆形，缘具浅锯齿，叶表疏被毛，叶背毛更密。总状花序具花7～11朵，被柔毛；花冠近钟形，花瓣4，白色，径2～3cm；花柱长不及雄蕊1/2，离生；花梗、花萼密被白毛，宿存。蒴果倒卵形，长7～9mm。

**园林用途** 花白芳香，可点植、丛植，适用于庭院、林缘、山坡、风景区，增加野趣。

**基本属性**

1 2 3 4 5 6 7 8 9 10 11 12

落叶灌木

## 206. 太平花（京山梅花）

学名 *Philadephus pekinensis* 科属 虎耳草科（八仙花科） 山梅花属

产地与分布 产于我国北部、西部，朝鲜也有分布。

主要识别特征 丛生，高达2m。树皮栗褐色，薄片状脱落。小枝光滑，常带紫褐色。叶卵状椭圆形，长3～6cm，先端渐尖，基部广楔或圆形，3出脉，双面常无毛或脉腋有簇毛；叶柄带紫色。花5～9朵组成总状花序，花乳黄色，微有香气；花柱与雄蕊等长而合生，花萼外有毛，其它花部无毛。蒴果近球形。

园林用途 枝繁叶茂，花美芳香，花期较长。适宜丛植于草坪、林缘、园路拐角及建筑物前，或作花篱。

辨识

| 树种 | 枝 | 叶 | 花 |
| --- | --- | --- | --- |
| 太平花 | 细 | 无毛，或脉腋有簇毛 | 乳黄色，微有香气，花柱与雄蕊等长，合生，花萼外有毛 |
| 山梅花 | 粗细张开 | 表面疏毛，背面密柔毛，脉上尤多 | 白色而芳香，花柱长不及雄蕊一半，离生，萼外密生灰白色毛 |
| 西洋山梅花 | 细 | 无毛，或脉腋有簇毛 | 乳白色，较大，无香，萼外无毛 |

基本属性

## 207. 溲疏（空疏）

**学名** *Deutzia crenata*　　**科属** 虎耳草科（八仙花科）溲疏属

**产地与分布** 产于我国长江流域；日本也有分布。

**主要识别特征** 高达2.5m。干皮灰褐色，薄片状剥落。小枝中空，红褐色。幼枝、叶片、花梗、花萼均具星毛。单叶对生，长卵至长卵状椭圆形，长2.5～8cm，先端渐尖，基部楔形，缘具不明显细齿。圆锥花序直立，长5～12cm；花5瓣，白色略带粉红，径约2cm；花萼裂片短于萼筒。蒴果，近球形，径约5mm，顶端截平并具3枚宿存花柱，灰绿色。

**园林用途** 枝繁叶茂，盛夏开花，花色洁白，花期长久，是良好的园林点缀树种。可丛植于草坪、山坡、路旁、林缘及岩石园。

**主要品种或变种**

①重瓣溲疏 'Plena'：花重瓣，白色，外面带玫瑰紫色。②白花重瓣溲疏 'Candidissima'：花重瓣，纯白色。③红花重瓣溲疏 'Plena' 花：重瓣，瓣片外杂以玫瑰红色。④白斑溲疏 'Punctata'：叶具白色斑点。⑤黄斑溲疏 'Marmorata'：叶具黄白色斑点。

**基本属性**

## 208. 绣球（大八仙花，阴绣球，）

**学名** *Hydrangea macrophylla* **科属** 虎耳草科（八仙花科）八仙花属

**产地与分布** 产于我国长江流域。

**主要识别特征** 高1～2m。树冠球形。干皮片状剥落。小枝粗壮平滑，皮孔和叶痕明显；侧芽卵至长卵形，绿褐色。单叶对生，叶片宽大，长7～20cm，双面无毛，叶表鲜绿，叶背黄绿，先端短渐尖，基部宽楔形，缘具粗钝锯齿。顶生伞房花序，球形，径达20cm；全部为不孕花，花色有粉红、白、蓝；萼片4枚。

**园林用途** 花冠球形，艳丽多姿，花期较长，是良好的抗有毒气体观赏花木。

**主要品种或变种** ①洋绣球 'Otaksa'：叶较厚，全为不育花，甚是美丽，土壤偏酸时花色偏蓝，土壤偏碱时花色偏红。②八仙花 var. *normalis*：花序近扁平，大部分为可育花，仅外围有不育花，花萼4，花瓣状，粉红色、蓝色、白色等。

**辨识**

| 树种 | 枝干 | 芽 | 叶 | 花期 |
|---|---|---|---|---|
| 绣球花 | 皮片状剥落，小枝粗壮平滑 | 鳞芽 | 倒卵或椭圆形，先端短渐尖，锯齿粗钝 | 6～9月 |
| 木本绣球 | 干皮灰黑色 | 裸芽 | 卵或卵状椭圆形，先端尖，锯齿齿状 | 4月 |

**基本属性**

## 209. 圆锥绣球（水亚木，圆锥八仙花）

**学名** *Hydrangea paniculata* **科属** 虎耳草科（八仙花科）八仙花属

**产地与分布** 产于我国长江流域及以南至两广地区；日本也有分布。

**主要识别特征** 或小乔木，高达8m。小枝黄褐色。叶对生，枝条上部常3叶轮生，卵至或椭圆形，长5～12cm，宽先端渐尖，基部圆或宽楔形，边缘具内弯细锯齿，叶背脉上被毛，具短柄。顶生圆锥花序，长8～20cm；不孕花，萼片4，白色，后变淡紫色，卵至近圆形，全缘；可孕花白色，芳香，花瓣5，离生，早落，花柱3；花序轴和花梗被毛。蒴果近卵形。

**园林用途** 夏秋开花，花量大，白色芳香，是优良的观花树种，可丛植、列植或群植，主要用于林缘、林下或建筑阴面。

**主要品种或变种** ①（大花水亚木）'Grandiflora'：花大部分或全部为不孕花，花序大形，长可达40cm。②早花圆锥八仙花 'Freacox'：7月开花，花期早，花序长约25cm。③晚花圆锥八仙花 'Tardiva'：花期较晚。

**辨识**

| 树种 | 小枝 | 叶 | 花序、花期 |
|---|---|---|---|
| 圆锥八仙花 | 基本无毛 | 常3叶轮生于枝上部，卵或椭圆形，柄短 | 圆锥花序，8～9月 |
| 东陵八仙花 | 有毛 | 对生，长圆状倒卵或椭圆形；柄长 | 伞房状聚伞花序，7月 |

**基本属性**

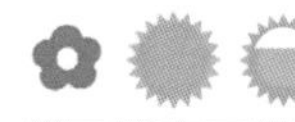
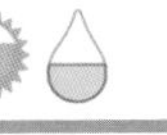

花

花

应用

叶

枝

株型

## 210. 香茶藨子（黄花茶藨子，黄丁香）

**学名** *Ribes odoratum*　　**科属** 虎耳草科（茶藨子科）茶藨子属

**产地与分布** 原产美国。我国东北中、南部及华北有栽培。

**主要识别特征** 高可达2m。树皮紫灰色，不规则条状剥裂。小枝黄褐或红褐色，密被白色柔毛。叶宽卵至倒卵形，长3～5cm，3～5裂，裂片缘具粗齿，先端圆，基部阔楔或截形，叶背密被柔毛，并具褐色斑点。总状花序，呈下垂状，芳香；花瓣紫红色，小于花萼；花萼瓣化，黄色，萼筒细长，花萼裂片5，伸展或反曲。果球形，红黑色，径约8mm。

**园林用途** 花色黄鲜，美丽芳香，秋叶红至紫红，大面积栽植景色壮观。可丛植、列植、群植于庭院、林缘、林下等，也可作基础栽植。

**基本属性**

## 211. 白鹃梅（金瓜果，九活头，茧子花）

**学名** *Exochorda racemosa* **科属** 蔷薇科 白鹃梅属

**产地与分布** 分布于我国河南、江西、江苏、浙江。

**主要识别特征** 高可达5m。树皮深灰色。小枝红褐或褐色，微有棱。叶矩圆至椭圆状倒卵形，长3.5～6.5cm，先端圆钝或急尖，稀有突尖，基部楔至阔楔形，全缘，稀中部以上具钝齿。6～10朵组成顶生总状花序，小花白色，径2.5～4.5cm；萼片宽三角形；花瓣倒卵形，基部具爪；雄蕊成束，生于花盘边缘，与花瓣对生。蒴果倒圆锥形，具5棱。

**园林用途** 树姿优美，枝叶秀丽，花色洁白，是观赏性很高的花灌木。可孤植、丛植、群植，用于庭院、草坪边缘、假山周边或路旁。

**基本属性**

叶 果 果 干 冬芽 花 冬态 应用

## 212. 笑靥花（李叶绣线菊）

学名　*Spiraea prunifolia*　　科属　蔷薇科　绣线菊属

产地与分布　分布于我国陕西、山东、湖南、湖北、江苏、浙江、安徽、江西、四川、贵州等地。

主要识别特征　高达3m。树皮暗灰褐色。小枝黄褐色，细长，稍具棱，初被柔毛，后渐脱落；芽鳞多数，无毛。叶长卵至长圆状披针形，长1.5～3cm，宽0.7～1.4cm，先端急尖，基部楔形，中部以上具细尖单锯齿，叶表幼时微被短柔毛，老时仅叶背被毛，羽状脉；长2～4mm。伞形花序无总梗，具花3～6朵，基部具数枚小型叶片；花梗，叶柄均被柔毛；花白色，重瓣，径达1cm。

园林用途　春天花白如雪，秋季叶色橙黄，是优美的花灌木，可丛植、列植，用于庭院、草坪、池畔、山坡、林缘、路旁。

基本属性

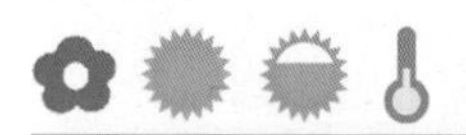

花

枝

应用

叶

## 213. 喷雪花（珍珠绣线菊，珍珠花）

学名 *Spiraea thunbergii*　　科属 蔷薇科　绣线菊属

产地与分布　主要分布于我国华东地区，现东北南部至长江流域常见栽培；日本也有分布。

主要识别特征　高达1.5m。树形近球形。一年生小枝紫黑色；二年生枝灰紫色，细长而拱曲；花芽卵形，棕色，叶芽极小。叶狭披针形，长2～3cm，先端渐尖，基部窄楔形，具尖锐锯齿，两面无毛。花叶同放；3～5朵组成伞形花序，基部丛生数枚叶状苞片，无总花梗；花小而白色，径6～8cm，单瓣，花瓣5枚。蓇葖果5，开张，无毛。

园林用途　早春开花，叶形似柳，花色洁白，枝条拱曲，状如白雪喷射，秋叶橘红，是良好的花灌木。可丛植、列植用于路缘、山坡、草坪，也可作自然花篱。

基本属性

花

小枝

叶

枝

应用

落叶灌木

## 214. 麻叶绣线菊（麻叶绣球，石棒子）

学名 *Spiraea cantoniensis* 科属 蔷薇科 绣线菊属

产地与分布 产于我国东部、南部地区及日本。现我国广泛栽培。

主要识别特征 高约1.5m。小枝细长微拱曲，紫黑色，无毛；侧芽圆锥形，黄绿色。叶菱状披针或菱状椭圆形，长2～5cm，羽状脉，先端渐尖，基部楔形，中部以上有缺刻状锯齿，两面无毛，叶表暗绿，叶背青蓝。伞形花序生于侧枝顶端，径2～3cm，有总花梗；花小，白色，经约6mm，花瓣近圆或倒卵形，先端微凹或钝。蓇葖果直立，张开。

园林用途 株型半球，夏季开花，白花锦簇。从植或片植于草坪、路边、花坛、花径、池畔、石边、庭院等，也可作地被和自然花篱。

主要品种或变种

重瓣麻叶绣线菊 'Lanceata'：叶披针形，上部疏生锯齿，花重瓣。

基本属性

1 2 3 4 5 6 7 8 9 10 11 12

冬芽

叶

果

花

株型

应用

## 215. 三裂绣线菊（三桠绣球，团叶绣球）

**学名** *Spiraea trilobata* **科属** 蔷薇科 绣线菊属

**产地与分布** 产于我国东北、华北、西北和华东等地区；西伯利亚也有分布。

**主要识别特征** 高达2m。小枝细，稍呈之字形，紫红色，平滑；侧芽圆锥形，褐色。叶近圆形，长1.5～3cm，基部圆或近心形，先端钝圆，常3裂，中部以上具圆钝锯齿，3～5基出掌状脉，两面无毛，叶背淡蓝绿色。伞形花序，具总花柄；花小，白色，径6～8mm，花瓣倒卵形。蓇葖果直立。

**园林用途** 株型半球，夏季开花，白花锦簇，丛植或片植于草坪、路边、花坛、花径、池畔、石边、庭院等，也可作地被和自然花篱。

**基本属性**

## 216. 粉花绣线菊（日本绣线菊）

学名　*Spiraea japonica*　　科属　蔷薇科　绣线菊属

产地与分布　原产日本、朝鲜。我国广泛栽培。

主要识别特征　高达1.5m。树皮暗灰褐色。一年生枝灰褐色，纤细，密被黄色短绒毛；芽卵形，红褐或黄褐色。叶长卵至长卵状披针形，长3～9cm，先端急尖或渐尖，基部楔形，缘具重或单锯齿，叶背灰绿，被柔毛。复伞房花序，生于当年枝顶端，密集，密被柔毛；花粉红色，径4～7mm；雄蕊多数，较花瓣长；花梗长4～6mm。蓇果半开张。

园林用途　花期夏季，红色鲜艳，秋叶黄红。常丛植、列植于庭院、山坡、草坪、路缘等，也可做花篱。

基本属性

花　叶　株型　果　冬芽　枝　应用

## 217. "金山"绣线菊

学名 *Spiraea* × *bumalda* 'Gold Mound'　　科属 蔷薇科 绣线菊属

产地与分布 美国杂交育成。粉花绣线菊与白花绣线菊的杂交种。

主要识别特征 高30～40cm。植株紧凑，枝细有棱。叶卵至菱状卵形，长1～4cm，稍钝锯齿。常色叶树种，春新叶金黄色，夏黄绿色，秋黄红色。顶生伞房花序，径3～4cm；花粉红色，径约5mm。

园林用途 春夏叶色鲜黄亮丽，花红而长久，秋叶火红。可片植、列植或点植，常作地被、花篱、模纹花坛，用于草坪、道路或与岩石搭配。

基本属性

1 2 3 4 5 6 7 8 9 10 11 12

## 218.“金焰”绣线菊

学名 *Spiraea*×*bumalda* ‘Gold Flame’ 科属 蔷薇科 绣线菊属

产地与分布 美国杂交育成。粉花绣线菊与白花绣线菊的杂交种。

主要识别特征 高60～70cm。枝黄棕色。叶长卵至卵状披针形，长3～6cm，新叶铜红至紫红色，夏绿色，秋铜红色，尖锯齿，表面粗糙。顶生伞房花序，径3～5cm；花粉红色，径约5mm。

园林用途 同“金山”绣线菊。

基本属性

## 219. 北美风箱果（无毛风箱果）

**学名** *Physocarpus opulifolius* **科属** 蔷薇科 风箱果属

**产地与分布** 原产于北美。我国长江以北常见栽培。

**主要识别特征** 高达3m。树皮灰黄色，纵向条状剥落。一年生枝紫红色稍弯曲；二年生枝灰褐色；芽长卵形，被柔毛。叶三角状卵或广卵形，长3.5～5.5cm，先端急尖或渐尖，基部阔楔形，3～5浅裂，具重锯齿，叶背微被星状及柔毛，沿叶脉较密。伞形总状花序，径3～4cm；花白色，径0.8～1.3cm；花药紫红色；花梗及萼偶被毛。蓇葖果卵形，膨大，无毛，开裂。

**园林用途** 叶绿、花白、果红美丽鲜艳。可丛植、列植、孤植，用于草坪、林缘、水岸，或与岩石相配。

**主要品种或变种**

①金叶 'Luteus'：常色叶树，叶金黄色。②紫叶（红叶）'Diabolo'：常色叶树，叶紫红色。③矮生 'Nanus'：植株矮小。

**辨识**

| 树种 | 叶 | 花更及花萼 | 枝 |
|---|---|---|---|
| 风箱果 | 三角状卵至广卵形，叶基部心形 | 密被星状毛 | 微被毛 |
| 北美风箱果 | 广卵形，叶基部阔楔形 | 无毛 | 无毛 |

**基本属性**

1 2 3 4 5 6 7 8 9 10 11 12

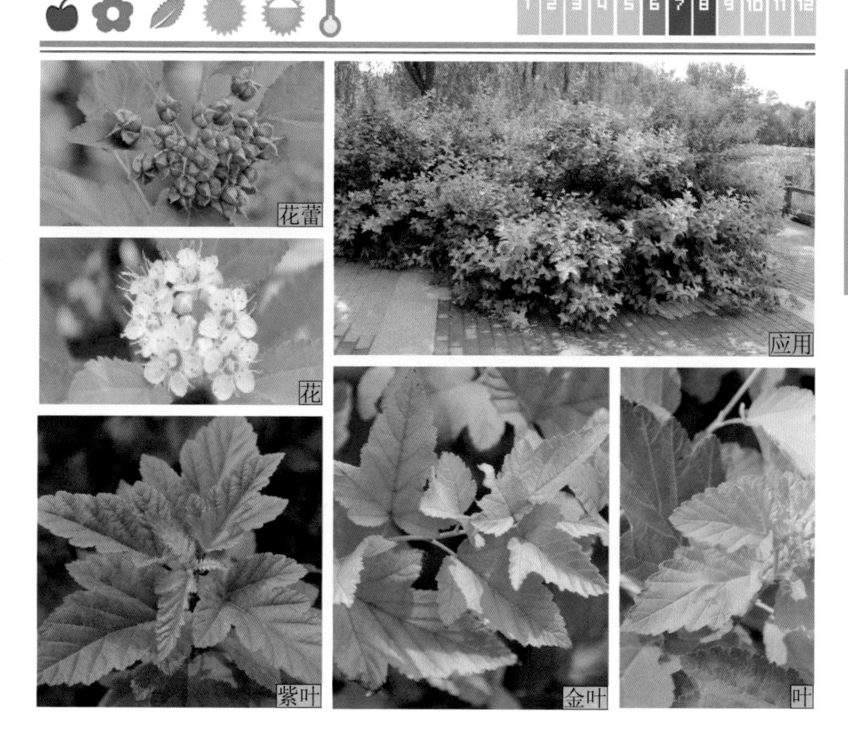


落叶灌木

## 220. 华北珍珠梅（吉氏珍珠梅，西洋珍珠梅）

**学名** *Sorbaria kirilowii* **科属** 蔷薇科 珍珠梅属

**产地与分布** 主产于我国华北、东北等地。现北方常见栽培。

**主要识别特征** 丛生，高达3m。枝条开展，小枝淡褐色，光滑，椭圆形皮孔明显；芽卵形，红褐色。奇数羽状复叶互生，小叶13～21，近对生，叶长卵状披针形，长4～7cm，叶缘具尖锐重锯齿，两面无毛，侧脉15～23对，直达齿尖，叶表叶脉下凹而叶背凸出。顶生大型圆锥花序，花序长15～20cm；花蕾白珍珠状；花白色，芳香；雄蕊20，与花瓣近等长。蓇葖果，长圆形，萼片宿存。

**园林用途** 姿态秀丽，叶清丽，花序繁茂壮观，夏花白而芬芳，花蕾圆润如粒粒珍珠。可丛植或列植于林缘、草坪、路边、水边、墙角等处，亦可植于林下或建筑阴面，也可作为地被或自然绿篱。

**辨识**

| 树种 | 小枝 | 叶侧脉数 | 花序与雄蕊（♂） |
|---|---|---|---|
| 华北珍珠梅 | 淡褐色 | 15～23对 | 松散；雄蕊♂20枚，与花瓣近等长 |
| 东北珍珠梅 | 红褐或黄褐色 | 12～16对 | 紧密；雄蕊♂40～50枚，长于花瓣 |

**基本属性**

## 221. 东北珍珠梅（珍珠梅，山高粱）

**学名** *Sorbaria sorbifolia* **科属** 蔷薇科 珍珠梅属

**产地与分布** 主要产于我国东北三省和内蒙古；朝鲜、日本、蒙古、俄罗斯也有分布。

**主要识别特征** 高达2m。树皮灰色。小枝红褐或黄褐色，稍弯曲，微被柔毛；冬芽卵形，紫褐色。羽状复叶，小叶11～19，连叶柄长约20cm，叶轴微被柔毛；小叶对生，披针至卵状披针形，长5～7cm，先端长渐尖，稀尾尖，基部稍圆或宽楔形，缘有尖锐重锯齿；羽状脉，侧脉12～16对。顶生圆锥花序，长10～20cm；花蕾白色珍珠状；白色花，径10～12mm；雄蕊40～50，较花瓣长1倍以上。蓇葖果长圆形。

**园林用途** 花叶美，可丛植、篱植、列植或群植，用于庭院、水边、路旁、林缘等。

**基本属性**

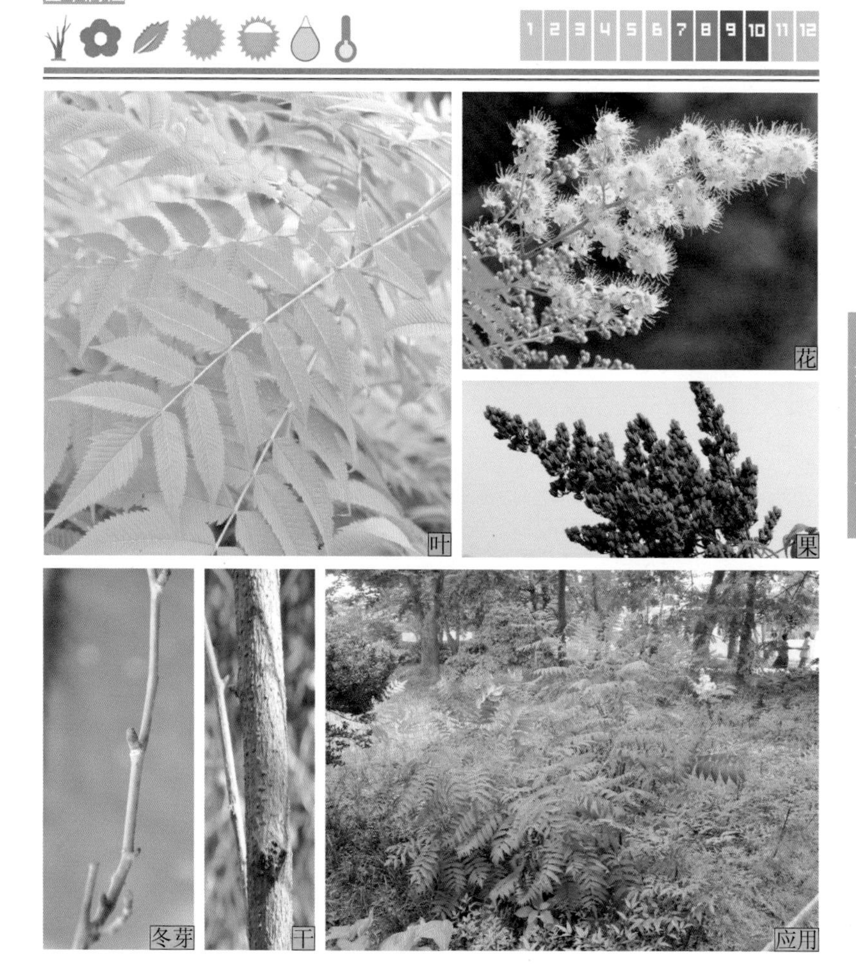


叶 花 果 冬芽 干 应用

## 222. 月季（月月红，月季花）

**学名** *Rosa chinensis* **科属** 蔷薇科 蔷薇属

**产地与分布** 北自沈阳，南至广州，西南至云、贵、川等省均有分布。各地广泛栽培。

**主要识别特征** 半常绿或落叶，直立，高达1m。一年枝绿或阳面具红晕，微钩状皮刺基部扁平；暗红色芽卵至卵状圆锥形。羽状复叶互生，小叶3～5（稀7），广卵或卵状椭圆形，长2～6cm，先端渐尖，基部宽楔或圆形，缘锐齿，叶柄、轴散生皮刺或短腺毛。托叶缘具腺毛。花单或数朵簇生，径约5cm；花重或半重瓣，色彩丰，花柱离生。蔷薇果近球形，径1～1.5cm，熟时黄红色。

**园林用途** 象征着爱情的"花中皇后"，著名传统花木，应用最广的花灌木之一。可孤植、丛植、群植等，适用于各类绿地和专类园，还可盆栽或用作切花、地被、花篱等。

**辨识**

| 树种 | 枝 | 小叶 | 托叶、叶柄 | 花柱 |
|---|---|---|---|---|
| 月季 | 茎皮绿色，茎枝散生粗壮、钩状皮刺 | 3～5枚，光滑 | 托叶有腺毛 | 离生伸出 |
| 蔷薇 | 茎枝具扁平皮刺 | 5～9枚，有毛 | 托叶篦齿状 | 合生伸出 |
| 玫瑰 | 茎皮灰褐色，枝条密生刺毛 | 5～9枚，皱缩 | 叶柄轴具疏皮刺及刺毛 | 不伸出 |
| 木香 | 攀缘，皮红褐，薄条状剥落，无或疏生皮刺 | 3～5枚，光滑 | 托叶与叶柄分离 | |

**主要品种或变种**

①月月红 'Semperflorens'：茎枝纤细，常带紫绿色；叶薄，常带紫色；花紫至深粉红色，花梗细长而下垂。

②小月季 'Minina'：植株矮小，一般不超过20cm，多分枝；花径小，约3cm，玫瑰红色，单或重瓣。

③绿月季 'Viridiflora'：花绿色，花瓣狭绿叶状，边缘有锯齿，奇特 。

④变色月季 'Mutabilis'：幼枝紫色；幼叶古铜色；花单瓣，初为硫黄色，经橙红后变为暗红色。

**现代月季 *Rosa hybrida***

现代月季是欧洲蔷薇与中国蔷薇科植物，特别是月季花、香水月季、蔷薇、光叶蔷薇及玫瑰经远缘杂交及多次回交，而选育的后代。

现代月季品种分为：

①杂交香水月季Hybrid Tea Rose：灌木，花大重瓣，花蕾挺直，花色丰富，芳香，花梗长，四季开花。

②丰花月季（聚花月季）Floribunda Rose：花梗长，中小型花，花量多聚簇成团。

③壮花月季Grandiflora Rose：一茎多花，花大，高挺，生长势旺，四季开放。

④杂种长春月季Hybrid Perprtual Rose，Remontant Rose：植株高大，枝条粗壮，生长旺盛；花大，复至重瓣，花色丰富。

⑤微型月季Miniature Rose：植株矮小，高约20cm；枝密花繁，花茎1～3cm，多为重瓣。

⑥藤本月季Climber & Rambler：茎蔓生，有一季、二季及四季开花的品种。

⑦地被月季Ground Cover Rose：茎匍匐，花小，花色丰富，夏秋开花。

**基本属性**

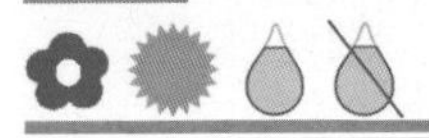

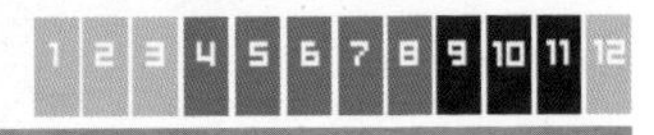

叶　果　微型月季　花　微型月季　藤本月季　香水月季　壮花月季　丰花月季　长春月季

## 223. 玫瑰（徘徊花）

**学名** *Rosa rugosa* **科属** 蔷薇科 蔷薇属

**产地与分布** 产于中国、日本和朝鲜，我国以辽宁、山东为主要产区。现各地广泛栽培，以山东平阴最为著名。

**主要识别特征** 直立丛生，高达2m。茎粗壮，灰褐色，密生刺毛和皮刺。一年生枝红褐色；二年生枝灰褐色；芽灰紫或紫红色。奇数羽状复叶互生，小叶5～9枚，椭圆至椭圆状倒卵形，长2～5cm，皱缩，缘具钝齿，叶背有柔、刺毛。叶柄、轴与花梗均被皮刺及腺毛。花单或3～6朵簇生于枝端，花单或重瓣，紫红色，芳香；卵状披针形花萼片似叶片，被腺毛。蔷薇果扁球形，红亮，萼宿存。

**园林用途** 花开锦簇，芳香，常丛植、篱植或片植于草坪缘、路边、房前与坡地等。

**主要品种或变种**

①白玫瑰 ‘Alba’：花白色，单瓣。②紫玫瑰 ‘Rubra’：花玫瑰紫色，单瓣。③重瓣白玫瑰 ‘Albo-plena’：花白色，重瓣。④重瓣紫玫瑰 ‘Rubro-plena’：花玫瑰紫色，重瓣，芳香。⑤四季玫瑰（紫枝玫瑰）：枝条紫红色，当年枝条绿色，少或无刺，落叶后紫红，老枝颜色深，多刺。花大，重瓣，紫红色，花径约11cm，多次开花。⑥丰花玫瑰 ‘Floribunda’：花重瓣度高，紫红色，花开不露蕊，极似牡丹花，有“牡丹玫瑰”之称，单花径约8cm。

**基本属性**

1 2 3 4 5 6 7 8 9 10 11 12

## 224. 黄刺玫

**学名** *Rosa xanthina* **科属** 蔷薇科 蔷薇属

**产地与分布** 产于华北、东北、西北；朝鲜也有分布。

**主要识别特征** 高达3m。茎皮暗灰或灰褐色，短枝距状。一年生枝红褐至褐色，硬直皮刺基部稍扁，皮孔瘤状。奇数羽状复叶互生，小叶7～13枚，宽卵至近圆形，长8～15mm，先端圆钝，基部圆形，缘具圆钝齿，叶表光滑，叶背幼时着毛；叶柄、轴具疏毛及皮刺，线形托叶下部与叶柄合生。花单生枝顶，黄色，径约4cm；单或重瓣。蔷薇果近球形，径约1cm，红褐色；萼片反折。

**园林用途** 花黄色，艳丽，花叶同放，花期较长。可植于草坪、林缘、路边作为点缀树种，也可用作绿篱或基础栽植。

**基本属性**

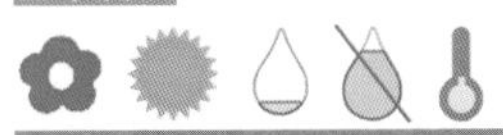

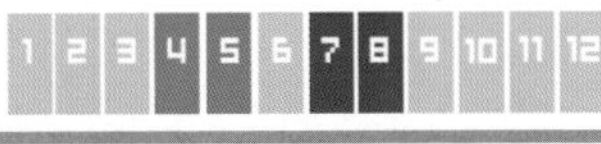

落叶灌木

## 225. 棣棠花（黄度梅，地棠，黄榆梅）

**学名** *Kerria japonica* **科属** 蔷薇科 棣棠花属

**产地与分布** 产于我国陕北、甘肃、长江流域、华南、西南等地。现我国各地广泛栽培。

**主要识别特征** 丛生，高达2m。枝条绿色，光滑，有细棱，无毛，微拱曲。单叶互生，三角状卵至卵状披针形，皱缩，长4～8cm，先端长渐尖，基部扩楔或近圆形，缘具浅裂及重锯齿，叶背沿脉疏生短毛。花单生于小枝顶，径3～4.5cm，金黄色，花瓣5枚。侧扁半球形瘦果长约3mm，黑色。

**园林用途** 自然球形，姿态秀丽，枝条翠绿，叶片美观，花朵金黄，花期长，是集观形、观枝、观叶、观花于一体的优良花灌木。可从植、群植、列植，或作花篱，或点缀于池畔、水旁、假山等处。

**辨识**

| 树种 | 属 | 小枝 | 叶 | 花色及瓣数 | 果 |
| --- | --- | --- | --- | --- | --- |
| 棣棠 | 棣棠花 | 绿色，有棱 | 皱缩互生 | 金黄，5 | 瘦果半球形、侧扁，黑色、无毛 |
| 鸡麻 | 鸡麻 | 褐色 | 对生 | 白，4 | 核果4，卵球形，亮黑色 |

**主要品种或变种**

①重瓣棣棠f. *pleniflora*：花黄色，重瓣。②金边棣棠f. *aureo-variegata*：叶边缘深黄色。③银边棣棠f. *picta*：叶边缘白色。

**基本属性**

单瓣 叶 叶背 银边叶 枝 应用 重瓣

## 226. 鸡麻

学名 *Rhodotypos scandens* 科属 蔷薇科 鸡麻属

产地与分布 产于我国东北南部、华北、西北至华东；朝鲜、日本也有分布。

主要识别特征 高可达2m。树皮深灰色。一年生枝黄褐或灰褐色；二年生枝灰褐色；芽卵形，紫褐色。叶对生，卵至长圆状卵形，长4～10cm，宽2～5cm，先端渐尖，基部阔楔至圆形，缘有重齿，叶脉下陷，叶背、叶柄具绒毛。花单生枝顶，径3～5cm；花瓣4，近圆形，白色；萼筒短，萼裂片卵形，有锯齿，副萼线形。核果4，倒卵形，亮黑色，宿存。

园林用途 花白叶绿，果黑亮，可点植、对植，丛植于庭院、水边或岩石畔。

基本属性

1 2 3 4 5 6 7 8 9 10 11 12

落叶灌木

## 227. 榆叶梅（榆梅，小桃红，榆叶鸾枝）

**学名** *Prunus triloba* **科属** 蔷薇科 李属

**产地与分布** 产于我国北自东北、华北，南至江苏、浙江等省地。现我国各地广泛栽培。

**主要识别特征** 高达5m。干皮黑褐色，浅裂。一年生枝紫红色，皮孔黄白色，二年生枝表皮剥裂。单叶互生，叶宽椭圆至倒卵形，长3～5cm，先端尖或常见3裂，基部宽楔形，缘具粗重锯齿，叶表无毛或有疏毛，叶背密被短柔毛。花单生或2朵并生叶腋，粉红色，径2～3cm；近无梗，花瓣卵形。核果球形，径1～1.5cm，有浅沟槽，红色，被绒毛，果肉薄，开裂。

**园林用途** 枝条紫红，花色艳丽，是我国著名传统花木。常丛植于庭院、建筑旁，路旁、坡地等环境，也可片植于山地陡坡保持水土。

**主要品种或变种**

①鸾枝 var. *petzoldii*：小枝紫红，花多重瓣，密集成簇，紫红色。

②重瓣榆叶梅 f. *multiplex*：花大，径3cm以上，粉红色，重瓣，花萼常10。

**辨识**

| 树种 | 干皮 | 小枝 | 叶 | 花 | 果 |
|---|---|---|---|---|---|
| 榆叶梅 | 紫褐 | 紫红或绿色，幼被毛 | 背短密柔毛 | 粉红 | 球形，浅纵沟，暗红，被长绒毛 |
| 毛樱桃 | 褐黑 | 褐红色，密被绒毛 | 两面密被毛 | 白 | 卵圆，红，无纵沟，被短绒毛 |

**基本属性**

单瓣

应用

叶

果

重瓣

枝

鸾枝花

## 228. 郁李(寿李，赤李子，车李子)

学名 *Prunus japonica* 科属 蔷薇科 李属

产地与分布 分布广泛，中国东北、华北、华中、华南均有野生。

主要识别特征 高达1.5m。枝皮膜状剥裂；一年枝红褐色，光滑，纵棱明显；紫红色冬芽，3芽并生。叶卵状披针或卵状椭圆形，先端渐尖或尾尖，基部圆形，叶片中部以下最宽，缘具不规则尖锐重齿。花叶同放；花单或2～3朵簇生，粉红或近白色，径约1.5cm。核果球形，深红色，径约1cm，无明显纵沟。

园林用途 枝条纤细多花，小果红色光滑，良好的低矮观赏花木。可点缀于草坪、花坛、路边、坡地或作为林缘下木，也可作花境、花篱。

主要品种或变种 ①重瓣郁李'Multiplex'：花密集，重瓣。②红花重瓣郁李'Rosa-plena'：花玫红色，重瓣。③白花重瓣郁李 'Alba-plena'：花白色，重瓣。④白花郁李'Alba'：花白色，单瓣。

基本属性

1 2 3 4 5 6 7 8 9 10 11 12

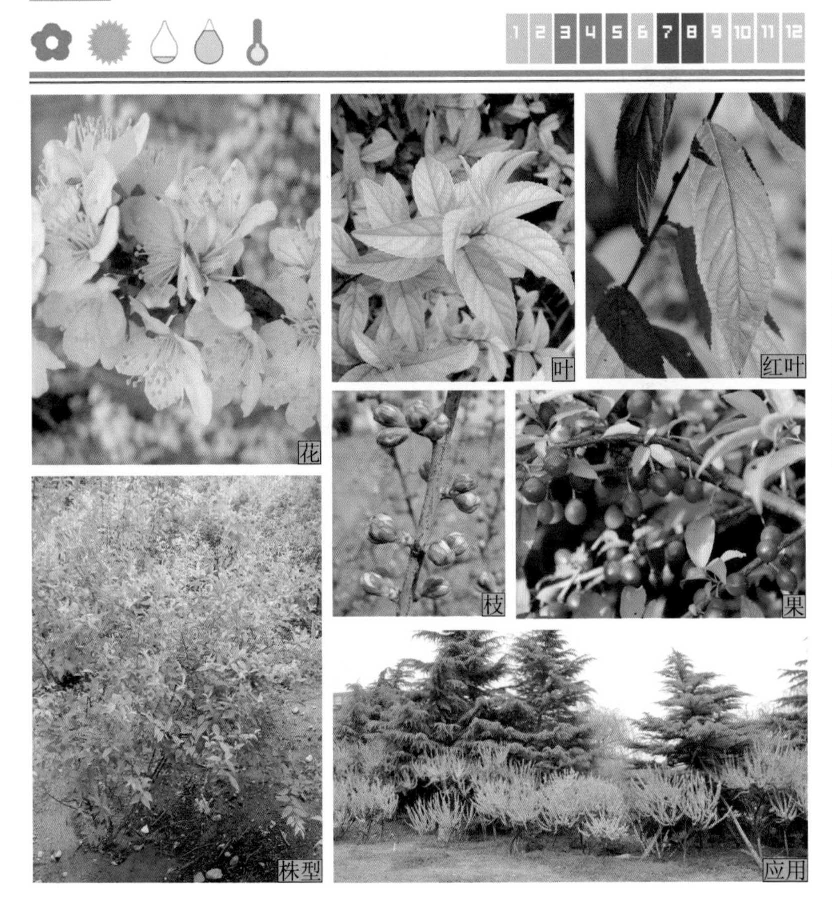

## 229. 麦李

**学名** *Prunus glandulosa* **科属** 蔷薇科 李属

**产地与分布** 分布于我国华北南部至华东、西南地区。日本也有分布。

**主要识别特征** 高达2m。小枝纤细，红褐或紫红色无毛；半球形芽单生或2芽并生。叶卵状披针至椭圆状披针形，长3～8cm；先端渐尖或急尖，基部楔形，中部最宽，缘具细钝重锯齿，无毛或叶背的叶脉有毛；叶柄短。花叶同放；花单生或2朵并生叶腋，白或粉红色，径1.5～2cm，花瓣倒卵形；花梗长6～8mm。核果近球形，红色，径1～1.5cm，果沟明显。

**园林用途** 春花烂漫，美丽可爱。可点植、丛植、片植、列植用于庭院、草坡等，也可用作地被或花篱、花境。

**辨识**

| 树种 | 叶 | 小枝 | 叶柄 | 花叶关系 | 果 |
|---|---|---|---|---|---|
| 郁李 | 叶卵状披针或卵状椭圆形，中部以下最宽 | 尖锐重锯齿 | 2～3mm，1～2腺体 | 同放或先叶开放，花柱＝雄蕊 | 无果沟，径约1cm |
| 欧李 | 倒卵状椭圆至倒披针形，中部以上最宽 | 细齿 | 极短 | 同放，花柱＝雄蕊 | 果2端微凹，径约1～1.5cm |
| 麦李 | 长卵状椭圆至椭圆状披针形，中部最宽 | 不整齐圆钝齿，齿端具腺体 | 4～6mm | 同放，花柱>雄蕊 | 果沟明显，径约1～1.5cm |

**主要品种或变种**

①红花麦李 'Soaea'：花粉色，单瓣。②白花麦李 'Alba'：花白色，单瓣。③重瓣红花麦李 'Sinensis'：花大，粉色，重瓣。④重瓣白花麦李 'Albo-plena'：花大，白色，重瓣。

**基本属性**

花

花

花

应用

叶

## 230. 毛樱桃（山豆子，梅桃）

学名 *Prunus tomentosa* 科属 蔷薇科 李属

产地与分布 分布于我国东北、西北、华北、华中、西南至西藏地区。

主要识别特征 高达3m。树皮灰黑色，浅裂。一年生枝红褐色，密被绒毛；二年生枝灰褐色，枝皮剥裂，皮孔明显；冬芽卵形，并生。叶椭圆至倒卵状椭圆形，长3～5cm，先端急尖或渐尖，基部楔形，具不整齐锯齿，两面被柔毛，叶背更密，后渐脱落。花先叶开放或同放，1～2朵生于叶腋，白或微带粉红色，花瓣倒卵状椭圆形。核果近球形，红至黄红色，径约1cm，无果沟，被疏毛。

园林用途 花叶密集，花白果红。可丛植、林植、片植于庭院、林缘、草地、山坡等环境中，也可用于固土护坡。

基本属性

1 2 3 4 5 6 7 8 9 10 11 12

## 231. 紫叶矮樱

学名 *Prunus×cistena* 科属 蔷薇科 李属

产地与分布 杂交种。引自美国，现我国广泛栽培。

主要识别特征 高2～2.5m。树冠圆形。树皮灰黑色。一年生枝紫红或紫褐色，皮孔明显。叶卵至卵状长椭圆形，长4～8cm，新叶亮紫红色，后紫红色，先端渐尖，基部阔楔形，不规则细钝齿。花1～2朵腋生，较紫叶李小，径约1cm，花瓣5，淡粉紫色；花萼、花梗红棕色。核果球形，径约2～2.5cm，紫色。

园林用途 干枝广展，红褐色而光滑，叶自春至秋呈红色，以春季最为鲜艳，花小，白或粉红色，是良好的观叶植物。

基本属性

1 2 3 4 5 6 7 8 9 10 11 12

## 232. 水栒子（栒子木，多花栒子）

**学名** *Cotoneaster multiflorus*　　**科属** 蔷薇科　栒子属

**产地与分布** 产于我国东北、华北、西北及西南地区；俄罗斯及亚洲中、西部也有分布。

**主要识别特征** 高达4m。干皮灰褐色。小枝常拱曲，棕褐或红褐色。叶卵至阔卵形，长2～5cm，先端急尖或圆钝，基部阔楔或圆形，全缘；叶柄长3～8mm，幼时被毛。聚伞花序，小花白色，径1～1.2cm，花瓣5，平展，近圆形；雄蕊较花瓣稍短，花柱较雄蕊短。果近球形，径约8mm，红色。

**园林用途** 枝条细长拱垂，夏季白花满枝，秋季红果累累，是优良的观赏灌木。可丛植、列植于山坡、草坪边缘、路边及转角处等，也可作固土护坡和水土保持树种。

**基本属性**

## 233. 平枝栒子（铺地蜈蚣）

**学名** *Cotoneaster horizontalis*　　**科属** 蔷薇科　栒子属

**产地与分布** 主产我国甘肃、陕西、湖南、湖北及西南等省区。华北地区栽培良好。

**主要识别特征** 或半常绿匍匐状，低矮，高不足0.5cm。干皮灰黑，小枝紫红褐色，水平伸展成整齐2列。单叶互生，整齐2列状排列，叶近圆或宽椭圆形，长0.5～1.5cm，先端圆钝，基部楔形，全缘，叶背被疏毛。花单或2朵并生，粉红色，径5～7mm，近无梗。梨果近球形，鲜红色，径4～6mm。

**园林用途** 树体低矮，枝条平展，初夏花红叶绿，秋季果叶绯红，成丛成串，经冬不落。可丛植或片植于坡地、路边等环境，也可用作绿篱、地被或基础栽植。

**辨识**

| 树种 | 枝 | 叶 | 叶柄 | 果 |
|---|---|---|---|---|
| 平枝栒子 | 小枝 2 列状整齐排列 | 在枝上整齐两列状排列 | 有毛 | 3 核 |
| 匍匐栒子 | 枝不规则排列 | 全缘，波状 | 无毛 | 2 核 |

**基本属性**

## 234. 贴梗海棠（皱皮木瓜，铁脚海棠，贴梗木瓜）

**学名** *Chaenomele speciosa* **科属** 蔷薇科 木瓜属

**产地与分布** 产于我国黄河以南地区；缅甸亦有分布。

**主要识别特征** 高达2m。冠形峭立。枝有刺，一年生枝紫红色；二年生枝紫褐色，常短枝距状；芽三角形，紫红色。叶卵至椭圆形，长3～10cm，具尖锐齿；托叶大，肾或半圆形，缘具尖锐重齿。花先叶开放；3～5朵簇生于2年生枝上，朱红、白或粉色；萼筒钟形，萼片直立，无毛；花梗粗短或无梗。果球或卵形，径4～6cm，黄色，芳香。

**园林用途** 花先叶开放，春花鲜红亮丽，秋果金黄，灿烂芳香。可丛植、孤植于草坪、池畔、庭院、路边、花坛等环境中，也可用作地被、花篱或基础种植。

**主要品种或变种** ①白花贴梗海棠 'Nivalis'：花白色。②粉花贴梗海棠 'Rosea'：花淡粉色。③粉花重瓣贴梗海棠 'Rosea-Plena'：花淡粉红色，重瓣。④红花贴梗海棠 'Rubra'：花大，重瓣。⑤朱红贴梗海棠 'Sanguinea'：花朱红色。⑥曲枝贴梗海棠 'Tortuosa'：枝条曲折。

**基本属性**

1 2 3 4 5 6 7 8 9 10 11 12

## 235. 日本贴梗海棠（倭海棠，日本木瓜）

学名 *Chaenomele japonica* 科属 蔷薇科 木瓜属

产地与分布 原产日本。现我国园林常见栽培。

主要识别特征 高约1m。枝条开展，具细枝刺，小枝紫红色，幼时粗糙并被绒毛。叶倒卵至阔卵形，长3～5cm，先端圆钝或短急尖，基部楔形或阔楔形，缘具圆钝锯齿，齿尖内曲；叶柄长约5mm，无毛。花3～5簇生，朱红或鲜红色，近无梗。果黄色，近球形，径3～4cm。

园林用途 植株低矮，花色红艳。常点植、丛植、片植于庭院、草坪、山坡，或与山石搭配，或用作花篱、花境。

主要品种或变种 ①白花贴梗海棠 'Alba'：花白色，花心淡绿色。②粉花日本贴梗海棠 'Chosan'：花淡粉色。③重瓣日本贴梗海棠 'Plena'：花红色，重瓣。④大花日本贴梗海棠 'Grandiflooa'：花大，单瓣。⑤匍匐日本贴梗海棠 'Alpina'：枝条近匍匐。

基本属性

1 2 3 4 5 6 7 8 9 10 11 12

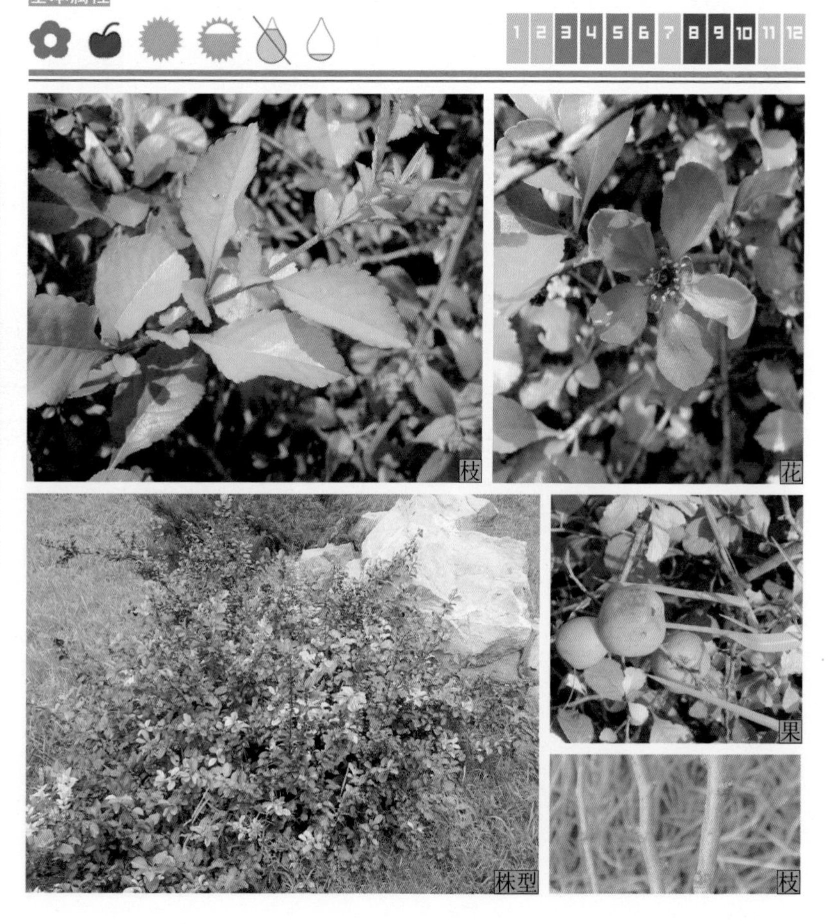

## 236. 紫荆（满条红，苏芳花，紫珠）

**学名** *Cercis chinensis* **科属** 豆科 紫荆属

**产地与分布** 产于我国长江流域至西南区域。现广泛栽培。

**主要识别特征** 高达4m。树皮灰白色，幼时光滑，老时微纵裂。小枝灰黄或黄褐色，密被细点状皮孔；冬芽赤褐色。单叶互生，近圆形，长6～14cm，先端渐尖，基部心形，两面无毛。叶柄两端呈红褐色，稍膨大。花先叶开花,4～10朵簇生，假蝶形花冠，紫红色，花瓣不等大，旗瓣、翼瓣小，龙骨瓣明显大。荚果扁直，条形，长5～14cm，具狭翅。

**园林用途** 早春先叶开花，花满枝条，嫣红、艳丽动人。可列植、丛植于庭院，窗前、草坪，园路、角隅等处。常与黄刺玫、棣棠或松柏配置形成调和对比景观。

**辨识**

| 树种 | 干皮 | 叶 | 花 |
| --- | --- | --- | --- |
| 紫荆 | 灰白，小枝密生细点状皮孔 | 近圆形 | 4 假蝶形花冠，10 朵簇生，花柄短长 |
| 垂丝紫荆 | 暗深灰色，平滑 | 阔卵形 | 下垂总状花序 |

**主要品种或变种**

白花紫荆 'Alba'：花白色

**基本属性**

## 237. 毛刺槐（毛洋槐，江南槐，紫雀花）

学名 *Robinia hispida* 科属 豆科 刺槐属

产地与分布 原产北美。现我国黄河以南常见栽培。

主要识别特征 高1～2m。树形开展，小枝棕褐色，密被棕红或紫褐色刺毛及白色柔毛；冬芽极小，倒卵形。奇数羽状复叶，小叶7～13，近圆至宽长卵圆形，长1～4.5cm，先端钝或具短突尖；同一羽片，梢部小叶较基部叶逐渐增大；托叶条形，密被白毛，常宿存。总状花序；小花2～7，玫瑰红或浅紫色，花梗密被棕红或紫褐色刺毛。荚果，长5～8cm，被硬毛。

园林用途 枝条开展，花大色艳。常以高接法使其呈小乔木状。可对植、列植、丛植，适用于小型入口、园路或草坪、水岸等环境。

基本属性

## 238. 紫穗槐（棉槐）

**学名** *Amorpha fruticosa* **科属** 豆科 紫穗槐属

**产地与分布** 原产北美。我国长春以南至长江流域各地广泛栽植，以华北平原生长表现最为良好。

**主要识别特征** 丛生，高达4m。老枝灰色平滑；一年生灰绿或灰棕色，具棱线，皮孔淡褐色；冬芽小，多叠生，灰褐色。奇数羽状复叶互生，卵状矩圆形小叶11～29枚，近对生，长1.5～4.5cm，全缘，薄纸质，先端圆，具芒尖，两面被毛。顶生总状直立花序，花紫色，雄蕊10枚，花药黄色；花序轴密被毛。荚果小，微弯，长7～9mm，具宿存萼，果皮密布疣状油腺点。

**园林用途** 枝条密集，花色美丽，为护岸护坡、保土固沙优良树种。在盐碱地区和有毒气体较多的工矿企业栽培尤为适宜。

**基本属性**

叶

花

冬态

应用

果

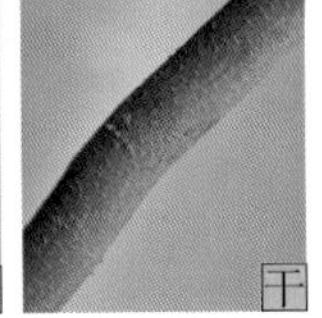

干

## 239. 本氏木兰（河北木蓝）

学名　*Indigofera bungeana.*　　科属　豆科　木蓝属

产地与分布　全国各地广泛分布，以河北、河南、山西、山东最为常见。

主要识别特征　高约1m。老枝灰黑色，浅纵裂，裂口黄褐色；小枝深灰绿色，密生褐色皮孔；冬芽密被白毛。奇数羽状复叶，小叶5～9枚，长圆或倒卵状长圆形，长0.5～2cm。总状花序腋生，花冠长约5mm，紫或紫红色；均被白色绒毛。荚果圆筒形，先端渐狭不偏斜，长约4cm，径2～3mm。

园林用途　夏花期绵长，可点植、片植，适用于基础栽植或林缘树种。

基本属性

1 2 3 4 5 6 7 8 9 10 11 12

## 240. 锦鸡儿

**学名** *Caragana sinica* **科属** 豆科 锦鸡儿属

**产地与分布** 产于我国，分布于我国华北、华中、华东及西南地区。

**主要识别特征** 高达1.5m。树皮深褐色。一年生枝黄褐至灰白色，有棱，无毛。偶数羽状复叶，小叶2对，散生，倒卵至长圆状倒卵形，长1～3.5cm，先端圆或截形，具小尖头，基部楔至阔楔形，薄革质；托叶狭三角形，常成刺状。蝶形花单生叶腋，黄色中常带红色，长2.5～3cm；花梗长约1cm，近中部具关节。荚果，扁圆柱形，长3～3.5cm，径约5mm。

**园林用途** 植株直立，花色亮黄，可丛植、列植及片植，常作护岸护坡及花篱。

**辨识**

| 树种 | 枝皮 | 小叶 | 花 | 花梗 |
|---|---|---|---|---|
| 锦鸡儿 | 深褐色；当年枝黄褐至灰白色 | 2对，散生 | 单生叶腋，黄色带红晕 | 花梗长约1cm，约中部具关节 |
| 金雀儿 | 褐绿或灰褐色；小枝灰黄色 | 4枚，簇生 | 单生，橙黄带红，龙骨瓣白或全为粉红色，凋落时红色 | 花梗长0.8～1cm，中部具关节 |
| 金雀花 | 树皮灰绿色；小枝绿色 | 三出复叶 | 单生叶腋，黄色 | |

**基本属性**

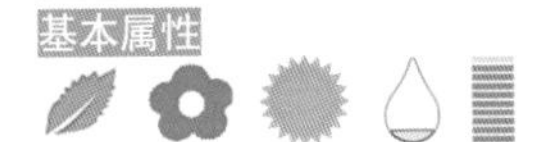

株型

花

枝

干

叶

应用

## 241. 树锦鸡儿（蒙古锦鸡儿，金鸡儿）

**学名** *Caragana arborescens*　　**科属** 豆科　锦鸡儿属

**产地与分布** 产于我国，分布于我国东北、华北、西北地区；俄罗斯、蒙古也有分布。

**主要识别特征** 高2～5m。树皮深灰绿色，平滑。一年枝灰绿色，有棱，幼时被柔毛；芽卵形，灰黄色。偶数羽状复叶，小叶4～7对，卵至长圆状倒卵形，长1～2.5cm，先端圆钝，具短尖，基部宽楔或圆形，幼时被柔毛，后脱落；叶轴先端常呈刺状；托叶刺宿存。花2～5朵簇生，黄色，长1.5～2cm；花梗长2～5cm，上部具关节。荚果扁条形，长3.5～6.5mm，无毛。

**园林用途** 枝条灰绿，花色鲜黄。可丛植或片植，常用于草坪、山坡或与景石相配。

**基本属性**

1 2 3 4 5 6 7 8 9 10 11 12

## 242. 胡枝子（萩，胡枝条，扫皮）

学名 *Lespedeza bicolor* 科属 豆科 胡枝子属

产地与分布 产于我国东北、西北、华北至长江流域；朝鲜、日本及俄罗斯有分布。

主要识别特征 从生，高0.5～3m。树皮灰黄褐色。一年生枝灰黄色，有棱，初被柔毛，后脱落；侧芽2～3并生。三出复叶，卵状椭圆至圆形，长1.5～2.5cm，中间叶大，先端圆钝或凹，基圆或阔楔形，两面被疏毛；叶柄极短，密被柔毛。总状花序腋生或顶生圆锥花序；蝶形花冠，紫色，长约1.5cm，旗瓣长于龙骨瓣；花萼、花梗密被柔毛，梗无关节。荚果斜卵形，长约1cm，被毛。

园林用途 夏花紫色，常用于林缘、混交林下木或保土护坡，营造野趣景观。

辨识

| 树种 | 嫩枝颜色 | 叶 | 花冠 | 花萼 |
|---|---|---|---|---|
| 美丽胡枝子 | 鲜绿色 | 较大，长3～5cm，先端微钝或稍尖 | 旗瓣短于龙骨瓣 | 萼裂长于萼筒 |
| 胡枝子 | 黄绿色 | 稍小，长1.5～2.5cm，先端钝圆多具凹缺，具小尖头 | 旗瓣长于龙骨瓣 | 萼裂约等于萼筒，上裂片又2浅裂 |

基本属性

花

应用

冬态

干

落叶灌木

## 243. 牛奶子（麦粒子，甜枣，秋胡颓子）

学名 *Elaeagnus umbellata* 科属 胡颓子科 胡颓子属

产地与分布 产于我国，分布于我国华北、西北至长江流域；日本、朝鲜、印度也有分布。

主要识别特征 直立，高可达4m。枝干暗灰色，浅纵裂，常具枝刺。小枝黄褐色，密被银色鳞片并伴有少量褐色鳞片。单叶互生，纸质，长椭圆至卵状长圆形，长3～8cm，顶端钝尖，基部阔楔或圆形，小波状全缘；叶表绿色，常被银色鳞片，叶背银灰色，常被褐色鳞片；叶柄银白色，长5～8mm。花2～7朵簇生叶腋，先叶开放，黄白色，芳香，长约1cm；花萼筒4裂外被褐色鳞片。核果球形，径5～7mm，红色，被银色鳞片。

园林用途 双色叶，初夏开花，芳香宜人。常丛植、片植于庭院、山坡、草地，林缘等，也常用于固土护坡。

基本属性

花

叶背

叶

果

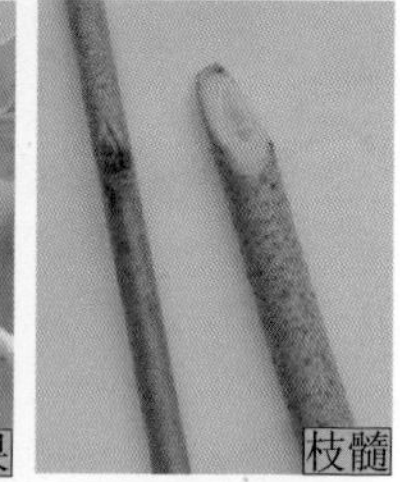
枝髓

干

冬态

应用

## 244. 木半夏（多花胡颓子）

**学名** *Elaeagnus multiflora* **科属** 胡颓子科 胡颓子属

**产地与分布** 产于我国，分布于我国长江中下游至黄河中下游地区；日本也有分布。

**主要识别特征** 高2～3m。树皮暗灰色，龟裂。小枝红褐色，常无刺，密被锈褐色鳞片。单叶互生，厚纸质，叶阔椭圆至卵形，长3～7cm，先端钝尖或骤尖，基部楔形，叶背密被银白色并散生褐色鳞片；叶柄被锈褐色鳞片。花单生，白色，有香气；花萼筒形，长0.5～1cm，4裂片宽卵形，与萼筒近等长。核果椭圆形，红色，长1.2～1.4cm，密被锈色鳞片，宿存；果梗细长1.5～3cm，下弯。

**园林用途** 花白淡香，秋果红艳，持续时间长。常用于庭院、山坡、草坪及林缘，也可作为固土护坡树种。

**辨识**

| 树种 | 枝 | 叶 | 花 | 果 |
|---|---|---|---|---|
| 木半夏 | 密被锈色鳞片 | 密被银白色鳞片或杂有褐色鳞片 | 单生，白色 | 红色，长1.2～1.4cm，密被锈色鳞片 |
| 牛奶子 | 密被银白色鳞片或杂有褐色鳞片 | 疏被褐色鳞片 | 2～7朵，黄白色 | 红或橙红色，5～7mm，被银灰色鳞片 |

**基本属性**

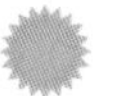

叶

叶背

果

应用

落叶灌木

## 245. 沙棘（中国沙棘，醋柳，酸刺）

学名 *Hippophae rhamnoides* 科属 胡颓子科 沙棘属

产地与分布 产于我国，分布于我国西北、华北、西南等地，我国黄土高原普遍分布。

主要识别特征 高1～2m。树皮暗灰褐色。枝红褐色，具棘刺，幼枝密被银白色和褐色鳞片，幼时具白色星状毛。单叶近对生，长条或条状披针形，长2～6cm，两端钝尖，两面均被银白色鳞片，叶背更密；叶柄极短。雌雄异株。短总状花序腋生，花先叶开放，无花瓣；花萼2裂，淡黄色，花被筒囊状。果球形，径4～6mm，橙黄或橘红色，有光泽。

园林用途 枝叶细密，果色黄亮，密满枝条，观赏价值较高。可丛植、片植或林植，适用于草坪、山坡、水边，也可用于防风固沙保土或盐碱地造林。

基本属性

  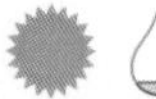   

叶

果

干

枝

应用

## 246. 结香（黄瑞香，打结花，雪里开）

**学名** *Edgeworthia chrysantha* **科属** 瑞香科 结香属

**产地与分布** 产于我国河南、陕西及长江流域以南，主要分布长江流域及以南地区。

**主要识别特征** 高1～3m。枝条红褐色，粗壮，柔软，可打结，常3叉分枝；皮孔明显，白色；脱叶痕圆形，突起。互生单叶集生于枝顶，长椭圆至椭圆状倒披针形，长6～20cm，先端钝或急尖，基部楔形，下延，全缘，上面深绿光亮，叶背附粉白色长毛；叶柄粗短。头状花序，总花梗粗短；花先叶开放，黄色，芳香；花被筒、叶柄、花梗均被淡黄或灰色长绢毛。核果卵形，红色。

**园林用途** 花开早春，黄色淡雅，香气浓郁。可对植、点植、丛植，用于小型入口、庭院或草坪、山坡，也可做盆景。

**基本属性**

叶 花 花 枝 冬态 干 枝 应用

## 247. 红瑞木（凉子木，红梗木）

学名 *Cornus alba*　　科属 山茱萸科 梾木属

产地与分布 产于我国东北、华北、西北；朝鲜、俄罗斯及欧洲其它地区也有分布。

主要识别特征 高可达3m。枝条紫红色，稍被白粉，后脱落，光滑。单叶对生，卵或椭圆形，长5～11cm，先端渐尖，基部广楔形，全缘，叶表暗绿，叶背粉绿，两面被贴状柔毛，侧脉4～6对弧曲伸展。顶生伞房状聚伞花序；花小，乳白色，花瓣舌形。核果斜圆形，白或蓝白色，花柱宿存。

园林用途 干皮紫红色，光滑，观茎灌木。秋果白色醒目，秋叶转红，叶落之后红色树干及枝条在万物凋零的严冬独现风采，令人赏心悦目。配植于假山、水畔，既可塑造特殊冬景，又有防风固土之效，也可篱植或作为插花材料。

主要品种或变种 ①珊瑚红瑞木 'Sibirica'：枝茎亮珊瑚色。②金叶红瑞木 'Aurea'：叶黄色。③金边红瑞木 'Spaethii'：叶缘黄色。④斑叶红瑞木 'Elegantissima'：叶具白色斑纹。⑤银边红瑞木 'Varigata'：叶缘白色。

基本属性

1 2 3 4 5 6 7 8 9 10 11 12

## 248. 卫矛（鬼箭羽，四棱树，千篦子）

**学名** *Euonymus alatus*　　**科属** 卫矛科　卫矛属

**产地与分布** 产于我国东北南部至长江流域；朝鲜、日本也有分布。

**主要识别特征** 高达2m。树皮深灰色，枝常有2～4列扁条状宽木栓翅，宽约1cm，小枝绿色，阳面略带红色；冬芽卵圆形，棕色。叶对生，椭圆、卵状椭圆或倒卵形，长3～8cm，先端渐或突尖，基部宽楔形，缘具细锯齿，两面无毛；叶柄极短。聚伞花序腋生，小花1～3朵，淡绿色，径约8mm，4基数；花盘肥厚，方形，4浅裂。蒴果棕紫色，4瓣裂，常仅1～2瓣成熟；假种皮橙红色。

**园林用途** 枝条奇特，秋叶红，果红亮宿存，是优良的观叶、观果花灌木。可点植、对植、列植或群植，可用于点缀山石、庭院、草坪、山坡，也可用作绿篱。

**辨识**

| 树种 | 枝 | 秋叶 | 小花及数目 | 蒴果 |
|---|---|---|---|---|
| 卫矛 | 扁条状宽木栓翅2～4列 | 变红 | 淡绿色1～3朵 | 紫色 |
| 栓翅卫矛 | 常具纵条状厚木栓翅 | | 紫色7～15朵 | 倒心形，粉红色 |

**基本属性**

1 2 3 4 5 6 7 8 9 10 11 12

应用　果　叶　枝　秋叶　干　火焰卫矛秋叶

## 249. 山麻杆（桂圆树）

**学名** *Alchornea davidii*　　　　**科属** 大戟科　山麻杆属

**产地与分布**　主要分布于我国长江流域、西南及陕西。

**主要识别特征**　落叶灌木，高2～3m。树皮灰褐色。枝条直立少分枝，紫褐色，幼枝密被柔毛。单叶互生，近圆、扁圆或阔卵形，长7～13cm，宽9～17cm，先端短尖，基部心形，缘有锯齿，表面疏被柔毛，背面绒毛密，基出3脉，叶基具腺体；叶柄绿色，长3～9cm，被柔毛。花单性同株，无花瓣；穗状雄花序紧密腋生；总状雌花序疏散顶生。蒴果扁球形，径1～1.5cm，被毛。

**园林用途**　茎干直立，枝条紫红，新叶、秋叶紫红，生长期红褐，是良好的观枝、观叶灌木。常点植、丛植于庭院、草坪、路边，或与山石相配，丰富景色，烘托氛围。

**基本属性**

新叶

株型

花　枝

冬态

应用

## 250. 枸橘（枳，臭橘）

**学名** *Poncirus trifoliata* **科属** 芸香科 枸橘属

**产地与分布** 主要分布淮河流域，北可至山东南部，南至两广，西南至四川、贵州。

**主要识别特征** 或小乔木，高3～7m。干皮灰绿，浅纵裂。小枝绿色，扁平扭曲，有棱；分叉枝刺密集，长1～4cm；冬芽球形。三出复叶，小叶卵、椭圆至倒卵形，薄革质，长2～5cm，宽1～3cm，先端钝或微凹，缘具钝齿；叶轴具翅。花先叶开放，单生或2朵腋生，白色，芳香，径2～3.5cm。柑果球形，径3～5cm，橙黄色，芳香，被绒毛。

**园林用途** 枝条绿色，花果香郁，棘刺密满不宜接近，常用作刺篱、绿篱或绿墙。

**基本属性**

株型 花 枝 叶 果 应用

## 251. 宁夏枸杞（山枸杞，中宁枸杞）

**学名** *Lycium barbarum* **科属** 茄科 枸杞属

**产地与分布** 产于我国西北部及内蒙古、辽宁。

**主要识别特征** 直立，高达2m。干皮暗灰色。枝干直立，分枝细密，小枝灰白至灰黄色，具纵棱，拱垂，少刺。单叶互或簇生于短枝，长圆状披针或披针形，长2～3cm，先端渐尖，基部楔形并下延。花1～2（6）朵簇生叶腋。花冠漏斗状，粉红或紫红色，5裂，裂片长卵形，无缘毛，长1～1.5cm，花冠筒较裂片长。浆果较大，宽椭球至长圆球形，长1～2cm，红色。花果期5～8月，开花结果同步；果8～10月成熟。

**园林用途** 植株直立，枝条拱垂，花美果红，是优良的西北绿化树种。可点植、丛植于宅旁、山坡，常用于边坡保持水土或盐碱地绿化。

**辨识**

| 树种 | 株型 | 叶 | 小花及数目 | 蒴果 |
|---|---|---|---|---|
| 枸杞 | 拱垂近匍匐 | 卵、卵状菱至卵状披针形 | 花冠筒较裂片短或等长，有缘毛 | 较小，长0.7～1.5cm |
| 宁夏枸杞 | 直立 | 长圆状披针或披针形 | 花冠筒较裂片长，无缘毛 | 较大，长1～2cm |

**基本属性**

## 252. 白棠子树（小紫珠，山指甲）

**学名** *Callicarpa dichotoma* **科属** 马鞭草科 紫珠属

**产地与分布** 原产于我国，分布于华东各省至两广。

**主要识别特征** 高1～2m。干皮灰褐色。一年生枝褐绿至红褐色，略被星状毛，皮孔明显。对生单叶倒卵形，长3～7cm，顶端急尖，基楔形，中上叶缘具疏锯齿；叶背被黄褐色腺点；叶柄长2～5mm。聚伞花序，纤弱，2～3次分支，花冠紫红色；总花柄约为3～4倍叶柄长。果球形，径约2mm，紫色。

**园林用途** 枝条柔细，紫红果实布满枝条。可丛植、片植于林缘、草坪边缘、山脚，也可用作地被、基础栽植或花境、果篱。

**辨识**

| 树种 | 枝 | 叶 | 总花柄与叶柄 | 果 |
|---|---|---|---|---|
| 小紫珠 | 被疏毛 | 倒卵形，长3～7cm，两面无毛，叶缘中部以上具疏锯齿 | 总花柄约为叶柄的3～4倍 | 径约2mm |
| 日本紫珠 | 无毛 | 变异较大，倒卵至卵形，长7～15cm，叶缘具细锯齿 | 总花柄长较花柄短或等长 | 径约4mm |

**主要品种或变种**

白果小紫珠'Aibo-fructa'：果白色

**基本属性**

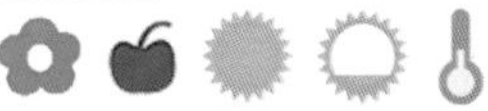

白果

果

花

干

应用

落叶灌木

## 253. 海州常山（臭梧桐，泡花桐，龙吐珠）

学名　*Clerodendrum trichotomum*　　科属　马鞭草科　赪桐属

产地与分布　原产我国华东、华中至东北地区；朝鲜、日本、菲律宾也有分布。

主要识别特征　高3～6（8）m。干皮灰褐色，光滑。一年生枝灰褐或淡褐色，被短柔毛；二年生枝灰褐或紫灰褐色，枝髓淡黄色片隔状；冬芽叠生。单叶对生，广卵形，长5～16cm，叶面浅皱无毛，背面脉密生柔毛，全缘。腋生伞房状聚伞花序；漏斗形花冠白色略带粉红，4枚雄蕊伸出花冠外。5裂长卵形萼与花冠筒近等长，红色，宿存。球形核果亮蓝紫色。

园林用途　花期长，花色美丽，宿存花萼红色，花落后蓝紫色核果为红色花萼所包围，如朵朵红花鲜艳照人，又名“龙吐珠”，具有特殊的观赏价值，应用广泛。

主要品种或变种　红叶海州常山 'Diabolo'：叶紫红色。

基本属性

1 2 3 4 5 6 7 8 9 10 11 12

## 254. 臭牡丹（大红袍，臭芙蓉）

学名　*Clerodendrum bungei*　　科属　马鞭草科　赪桐属

产地与分布　产于我国南北各省；印度北部、越南、马来西亚也有分布。

主要识别特征　高1～2m。一年生枝褐绿色，扁节内具白色实心髓，稍被毛。单叶对生，宽卵至卵圆形，长10～20cm，先端渐尖，基部心或近平截，缘具锯齿，两面被疏毛，背面具腺点，有强烈臭味。聚伞花序顶生，紧密，高脚蝶状花冠紫红或红色，有臭味，径1～1.5cm；雌蕊与柱头等长并超出花冠；花萼紫红或下面绿色，被绒毛及腺点。核果近球形，径0.6～1.2cm，蓝黑色。

园林用途　夏花序大而美。可片植于山坡、林缘、路旁，也可作地被营造花海景观。

基本属性

花　叶　枝　果

## 255. 莸（兰香草，山薄荷，卵叶莸）

学名　*Caryopteris incana*　　　　科属　马鞭草科　莸属

产地与分布　主产我国华东及中南各省；朝鲜、日本也有分布。

主要识别特征　小灌木或半灌木。全株被灰色绒毛。枝圆柱形。叶卵状披针形，边缘具粗齿，两面具黄色腺点，背面更显。聚伞花序紧密，腋生于枝上部；花萼钟状，5深裂；花冠淡紫或淡蓝色，二唇裂，下唇中裂片较大，边缘流苏状。蒴果卵球形。

园林用途　植株低矮丛生，夏秋开花，花色淡雅。适于点缀林缘或做地被，可丛植、列植、群植或片植草坪边缘、假山旁、路边、水畔等。

主要品种或变种

白花莸 'Candida'：花白色。

基本属性

1 2 3 4 5 6 7 8 9 10 11 12

## 256. 蒙古莸（白沙蒿，山狼毒）

**学名** *Caryopteris mongolica*　　**科属** 马鞭草科　莸属

**产地与分布** 分布于山西、陕西、内蒙古、甘肃及河北；蒙古也有分布。我国三级保护稀有种。

**主要识别特征** 高约1m。树皮黄褐色。多分枝，小枝灰黄带紫褐色；枝、芽密被灰白色绒毛。单叶对生，厚纸质，条至条状披针形，长1～4cm，全缘，两面被绒毛。聚伞花序腋生；花冠二唇形，蓝紫色，长1～1.5cm，裂，下唇中裂片流苏状；花冠筒内喉部有长毛；花萼5深裂，外面密生灰白色绒毛。蒴果状小坚果椭球形，果瓣具翅，无毛；果序、花萼宿存。

**园林用途** 夏秋季节，花色蓝紫，清爽秀美。可丛植、片植或列植于坡地、路边、林缘或树林下，也可用作地被、花篱及防风固沙造林。

**基本属性**

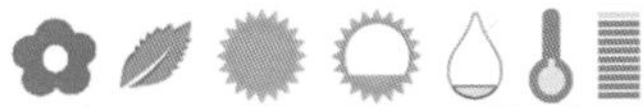

花　叶　枝　应用

## 257. 金叶莸

**学名** *Caryopteris* × *clandonensis* 'Worcester Gold' **科属** 马鞭草科 莸属

**产地与分布** 杂交种。引自美国，我国广泛栽培。

**主要识别特征** 高约1m。一年生枝褐红色，圆形。单叶对生，叶卵状披针形，长3～6cm，新叶鲜黄色，后变黄绿色，秋季金黄色，先端渐尖，粗齿，叶表光滑，叶背、小枝被银色柔毛。聚伞花序腋生，密集；花二唇形，花瓣、雌蕊、雄蕊均为蓝紫色。

**园林用途** 植株紧凑，叶色金黄，花篮亮丽。可丛植、列植、片植，用于山坡、草坪、林缘、水岸、路旁，也可用作地被、花篱、花境或模纹花坛。

**基本属性**

花 叶 株型 应用

## 258. 大叶醉鱼草

**学名** *Buddleja davidii*　　**科属** 醉鱼草科（马钱科）醉鱼草属

**产地与分布** 分布于西北至中南、西南各省。

**主要识别特征** 高1～3m。小枝略呈4棱形，嫩枝、叶背及花序均密被白色星状毛。单叶对生，长卵状披针至披针形，长10～25cm，宽2～5cm，先端渐尖，基部近圆形，缘疏生细锯齿。穗状圆锥花序；小花淡紫色，芳香，具柄；花冠筒直，长7～10mm，喉部橙黄色。蒴果条状矩圆形，6～8mm。

**园林用途** 花序硕大，小花密集，花色有白、粉、蓝紫等，色彩丰富，花期长久。常丛植于草坪、山坡、林缘、路旁，营造野趣景观，也可点植于庭院或用作花境。

**辨识**

| 树种 | 叶形及长度 | 花序 | 花冠筒 |
|---|---|---|---|
| 醉鱼草 | 卵至卵状披针形，5～10cm | 穗状 | 弯曲，内白紫色 |
| 大叶醉鱼草 | 长卵状披针至披针形，10～25cm | 穗状圆锥 | 直，喉部橙黄色 |
| 密蒙花 | 矩圆状披针或条状披针形，5～10cm | 圆锥 | 内部黄色 |

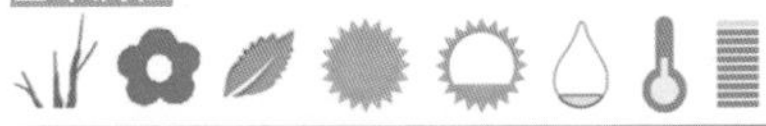

白花

花

枝

干

应用

## 259. 互叶醉鱼草

学名 *Buddleja alternifolia* 科属 醉鱼草科（马钱科）醉鱼草属

产地与分布 主要分布于内蒙古、西北及西南地区。

主要识别特征 高达3m。枝条细长，圆形，上部拱垂。单叶互生，线状披针或披针形，长4～8cm，先端短尖或钝，基部楔形，表面暗绿，背面绿白且密被白色绒毛，全缘。花簇生或圆锥状腋生，密集，花序梗极短；花冠紫蓝色，芳香，花冠筒长约7mm，径约1mm，花冠裂片近圆形；花萼钟状，具4棱，被白色柔毛。蒴果长圆状卵圆形，长4mm。

园林用途 花美丽芳香，花期长。适用于草坪、路旁、林缘，也常作地被、花篱或用于荒坡绿化。

基本属性

1 2 3 4 5 6 7 8 9 10 11 12

花

应用

叶背

叶

冬态

干

枝髓

## 260. 小蜡（山紫甲树，山指甲，水黄杨）

学名 *Ligustrum sinense* 科属 木犀科 女贞属

产地与分布 中国原产。华北各地普遍分布。

主要识别特征 半常绿，或小乔木，高2～5（7）m。树皮灰色，光滑。小枝灰绿或阳面带红褐色，密被短柔毛。叶薄革质，椭圆或倒卵状矩圆形，长3～5cm，先端尖或钝，基部圆或阔楔形，背面脉腋及中脉有密毛。圆锥花序顶生，长4～10cm，花白色，花柄明显；花冠4裂，花冠裂片较花冠筒略长，雄蕊伸出花冠外，反卷；花药黄色。核果近球形，熟时紫黑色，稍被白粉。

园林用途 枝叶稠密又耐修剪整形，适做绿篱、绿屏和园林点缀树种。树桩可作盆景，叶片可代茶饮用。抗有毒气体，厂矿绿化较为适宜。

辨识

| 树种 | 属性 | 叶 | 花序 | 花 |
|---|---|---|---|---|
| 小蜡 | 常绿或半常绿 | 薄革质，椭圆或倒卵状矩圆形，长3～5cm | 花序长，长4～10cm | 花冠筒＜花冠裂片 |
| 水蜡 | 落叶 | 纸质，长卵、长圆至长倒卵状椭圆形，长3～8cm | 花序短而下垂，长2～3.5cm | 花冠筒＞花冠裂片 |
| 小叶女贞 | 落叶或半常绿 | 薄革质，椭圆至倒卵形，长1.5～5cm | 花序长，长7～20cm | 花冠筒＝花冠裂片 |

主要品种或变种

红药小蜡 'Multiflorum'：花药红色。

基本属性

1 2 3 4 5 6 7 8 9 10 11 12

落叶灌木

## 261. 小叶女贞（小白蜡树）

学名 *Ligustrum quihoui* 科属 木犀科 女贞属

产地与分布 分布于我国华北与西北南部、华中及西南地区。

主要识别特征 或半常绿，高2～3m。树皮灰色。一年生枝灰黄至灰白色，被短绒毛；二年生枝灰色。单叶对生，薄革质，椭圆至倒卵形，长1.5～5cm，先端钝，基部楔形，无毛，边缘略反卷；叶柄短，具短柔毛。圆锥花序顶生，长7～20cm；小花白色，芳香，无柄；花冠4裂，裂片与冠筒近等长。核果宽椭球至倒卵球形，紫黑色，径4～7mm。

园林用途 夏花白而芳香。可对植、列植、丛植、群植，常用作绿篱或修剪成球，也可用于小型入口、草坪、山坡、林缘等。

基本属性

株型

叶

干

应用

## 262. 水蜡树（辽东水蜡树）

**学名** *Ligustrum obtusifolium*　　**科属** 木犀科　女贞属

**产地与分布** 分布于东北、华北、华中及西南地区；朝鲜、日本也有分布。

**主要识别特征** 高2～3m。树皮灰黄或灰色。一年枝灰褐色，被柔毛。单叶对生，纸质，长卵、长圆至长倒卵状椭圆形，长3～8cm，先端钝或短尖，基部楔形，叶背具柔毛，中脉更密。圆锥花序顶生，长2～3.5cm，下垂；小花白色，花冠4裂，花冠筒较裂片长，花梗短；花序轴、花萼、花柄均被柔毛。核果宽椭球形，长5～8mm，紫黑至黑色。

**园林用途** 常修剪成球，用于草坪、山坡、路缘，或用作绿篱。

**基本属性**

叶　花　枝　果　冬态　株型　应用

## 263. 金叶女贞

学名　*Ligustrum×vicaryi*　　科属　木犀科　女贞属

产地与分布　杂交种。

主要识别特征　或半常绿，高1～3m。小枝灰绿至灰褐色。叶卵至卵状椭圆形，长3～7cm，先端渐尖，基部阔楔或近圆形，黄色新叶逐渐转为黄绿色，有光泽。总状花序；小花白色芳香；花冠筒较花冠裂片长。核果紫黑色。

园林用途　叶色金黄，花白果黑，是优良的常色叶树种。常用于模纹花坛、绿篱或修剪成球用于草坪、路边或宅旁等绿地。

基本属性

叶

花

叶背

应用

花序

应用

## 264. 迎春（迎春花，金腰带，金梅）

**学名** *Jasminum nudiflorum*　　**科属** 木犀科　茉莉属（素馨属）

**产地与分布** 分布于山东、山西、陕西、甘肃及西南地区。北京以南可露地越冬。

**主要识别特征** 小灌木。枝条绿色，细长，稍有四棱，光滑，下部直立，上部拱曲。复叶对生，3小叶卵至长圆状卵形，先端具短睫毛，叶表光绿，叶背灰绿无毛，叶柄短，初有毛后脱落。花先叶开花，单生于去年生枝叶腋，黄色，微带红晕，径2～2.5cm，花冠多6瓣裂，约为1/2花冠筒长。花期2～3月，稀见结实。

**园林用途** 绿枝披垂，先叶开花，金花翠萼，早春之佳卉。可配置于池边、溪畔、悬崖、石缝、草坪边缘、庭院路旁，形成花丛、花径，是良好的报春花木。盆栽整形，置于明窗净几之上，尤显典雅。

**辨识**

| 树种 | 属性 | 枝 | 小叶数 | 花 |
|---|---|---|---|---|
| 迎春 | 落叶 | 绿色，细长，稍有四棱 | 3枚 | 先叶开花，花单生，花黄色，微带红晕，裂片多6 |
| 迎夏 | 半常绿 | 绿色，有棱 | 3～5枚 | 先叶后花，聚散花序顶生，花黄色，裂片多 |
| 云南黄馨 | 常绿 | 绿色，细长，四棱 | 3枚 | 先叶后花，花单生，花冠黄色，裂片6或多，半重瓣 |

**基本属性**

枝

冬态

花

叶

应用

落叶灌木

## 265. 迎夏（探春）

学名　*Jasminum floridum*　　科属　木犀科　茉莉属

产地与分布　产于我国华北南部、西北及河南、四川、西藏等地区。

主要识别特征　半常绿，高1～3m。枝开展，呈拱形，小枝具棱，绿色。羽状复叶，互生；小叶3～5，卵至卵状椭圆形，先端短渐尖，基部楔形，中脉明显而下陷。聚伞花序顶生，小花黄色，花冠5瓣裂；花萼裂片较花萼筒近等长或稍长。浆果，褐绿色。

园林用途　夏季绿叶丛中黄花点点，清爽可爱。可用于林缘、草坪、路边，常用作自然篱或盆景。

基本属性

花

叶

枝

果

应用

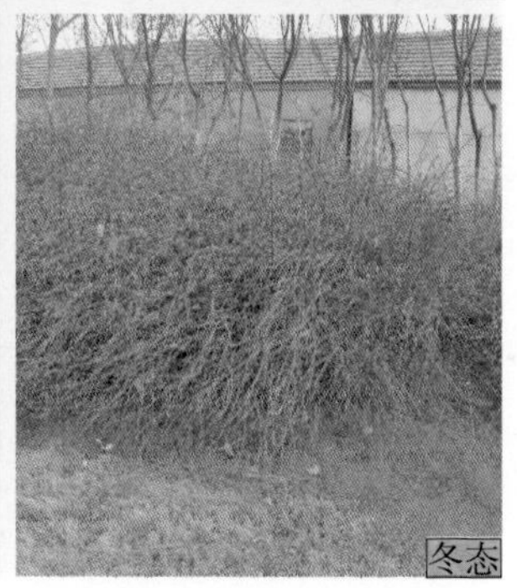
冬态

## 266. 小叶丁香（四季丁香，小叶巧玲花）

**学名** *Syringa microphylla*　　**科属** 木犀科　丁香属

**产地与分布** 分布于我国中、西部及其以北地区。

**主要识别特征** 高1.5～2m。枝暗褐色，一年枝紫红色，无棱，稀疏被毛。单叶对生，卵形，长1～4cm，先端渐或急尖，基部心形，两面初有毛，后几无毛。圆锥花序，松散；高脚碟状小花淡紫或粉红色，芳香，长约1cm。花梗、花序轴紫红色。

**园林用途** 植株矮小，花叶小巧，香气浓郁，一年2次开花。常用于庭院、草坪、路缘、林缘，也是丁香专类园成员。

**基本属性**

## 267. 蓝丁香（南丁香，细管丁香）

**学名** *Syringa meyeri*　　**科属** 木犀科　丁香属

**产地与分布** 分布于我国华北、西北及河南。北方常见栽培。

**主要识别特征** 高约1m。嫩枝绿紫色，微被柔毛。单叶对生，椭圆状卵至近圆形，长2～5cm，表面深绿至绿紫褐色，背面淡绿色。圆锥花序侧生，稀顶生，密集，直立，长2.5～10cm；高脚碟状小花蓝紫色；冠筒圆柱形，细长约1.5cm，花冠4裂片展开，长圆形，长2～4mm；叶柄、花序轴、花梗、花萼微被柔毛。蒴果长椭圆形，长1～1.5cm，先端渐尖，具皮孔。

**园林用途** 植株矮小，花叶具秀，一年2次开花，是北方优良的花灌木。可丛植于草坪、山坡、路边或庭院，也可用于花境或基础绿化。

**主要品种或变种**

①白花蓝丁香'Alba'：花白色。

②小叶蓝丁香var. *spontanea*：叶近圆至阔卵形。花序松散，小花紫色，花冠筒稍短，长约5～8mm。

**基本属性**

## 268. 连翘（黄寿带，黄花杆，绶丹）

学名　*Forsythia suspensa*　　科属　木犀科　连翘属

产地与分布　中国原产，华北地区分布极为普遍。

主要识别特征　干直立，枝条开展，拱形下垂。小枝土黄色或褐色，略呈4棱，有突起皮孔，髓部中空；鳞芽叠生。单叶或3出复叶对生，叶片宽卵形，长6～10cm，光滑，叶缘具粗齿。花先叶开放，单生或簇生；花冠钟状，4裂，裂片倒卵状长圆或长圆形，长1.2～2cm，黄色；花萼筒与花冠筒近等长。蒴果黄褐色，具散生疣点，端具喙尖，熟时2裂。

园林用途　枝条开展，叶片光滑，早春金花满枝，艳丽动人，是良好的花灌木。可配植于宅旁院内、路边篱下、溪岸池畔、草坪、林缘等地。

主要品种或变种　①金叶连翘 'Aurea'：叶金黄色。②黄斑叶连翘 'Variegata'：叶具黄色不规则斑块。

辨识

| 树种 | 枝条 | 枝髓 | 叶 |
|---|---|---|---|
| 连翘 | 拱垂，小枝黄褐色 | 中空 | 单叶或3出复叶对生，叶片宽卵形 |
| 金钟花 | 直立，小枝黄绿色 | 片状 | 长椭圆形 |

基本属性

1 2 3 4 5 6 7 8 9 10 11 12

## 269. 金钟花（狭叶连翘，细叶连翘，迎春条）

学名 *Forsythia viridissima* 科属 木犀科 连翘属

产地与分布 主要分布于我国长江流域。现黄河流域及以南广泛栽植。

主要识别特征 直立，高达3m。树皮黄棕色。小枝棕褐或棕红色，四棱形，片状髓心，皮孔明显。叶长椭圆至披针形，长5～11cm，宽1～3cm，先端渐尖，基部楔形，中上部具不规则粗锯齿或全缘，叶脉下陷。花先叶开放，1～3花腋生，深黄色，长1.5～2cm；花冠钟形，4裂，裂片狭长圆至长圆形，长0.6～1.8cm，基部具橘黄色条纹，反卷；花萼筒约为1/2花冠筒长。蒴果卵圆形，长1～1.5cm，先端喙状，具皮孔。

园林用途 枝条直立，早春金花，鲜艳亮丽，秋叶古铜红或紫色，是良好的观花、秋色叶灌木。宜植于庭院、宅旁、路边、水畔、草坪、林缘等地，也可用作自然篱。

基本属性

1 2 3 4 5 6 7 8 9 10 11 12

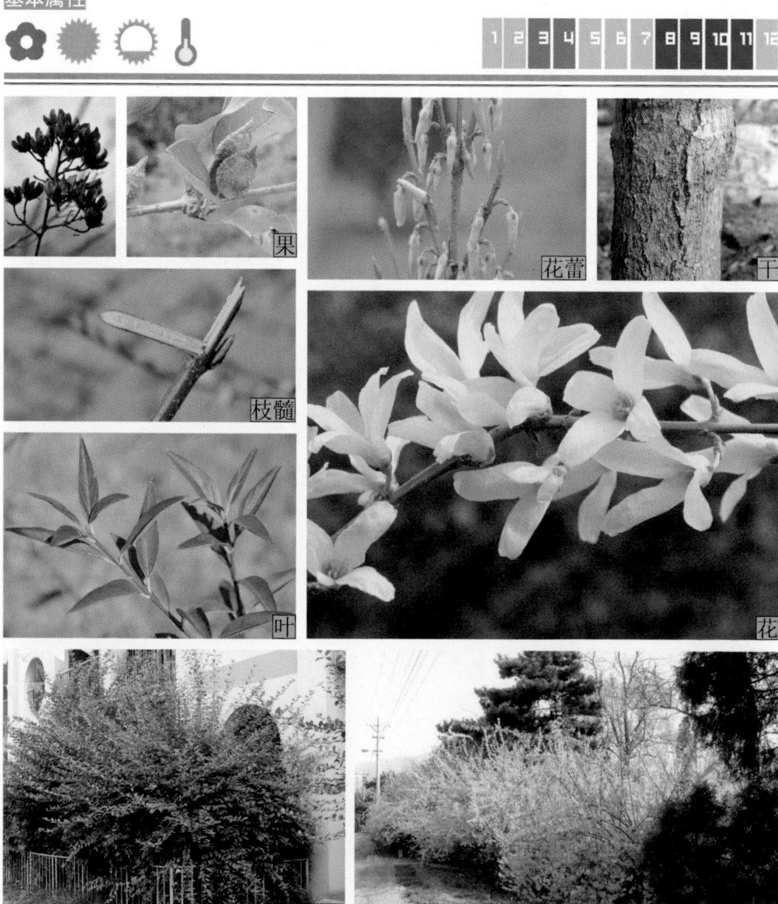

## 270. 糯米条（茶树条）

**学名** *Abelia chinensis* **科属** 忍冬科 六道木属

**产地与分布** 分布于长江流域以南至两广。

**主要识别特征** 高约2m。树皮条状撕裂。多分枝细弱，嫩枝红褐色，被毛；冬芽卵形，被毛。单叶对生，卵至三角状卵形，长2～6cm，宽1～4cm，先端渐或短尖，基部楔至近圆形，缘具浅锯齿及毛，背面叶脉密生白色柔毛。密集聚伞花序组成圆锥花序，总花梗短，长4～5mm；小花漏斗形，白至淡粉色，长约1cm，端5裂，芳香；花萼5，粉红色。瘦果状核果。

**园林用途** 花期长而芳香，宿存花萼红色，深秋如同红花盛开，是优良的芳香型花灌木。可丛植、片植、列植于草坪、水岸、林缘等，也可与岩石搭配或作花篱等。

**基本属性**

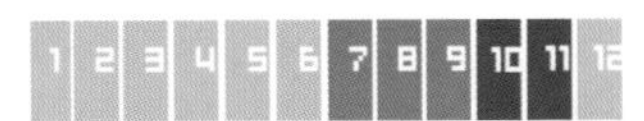

叶

花

叶

枝

株型

## 271. 大花六道木

学名 *Abelia×grandiflora* 科属 忍冬科 六道木属

产地与分布 意大利培育的糯米条与单花六道木杂交种。我国长江流域为主栽培区。

主要识别特征 半常绿，高达2m。树皮灰棕色。一年生枝红褐色，被短毛。单叶对生，卵至卵状椭圆形，先端渐尖，基部阔楔至近圆形，缘具疏齿，表面暗绿带紫红晕，有光泽。圆锥花序顶生，松散；花钟形，白色带红晕，长1.5～2cm，端5裂；花萼2～5，粉红色。

园林用途 花开盛夏直至深秋，秋叶古铜红或紫色。可植于草坪、林缘、路旁，也可作绿篱、花篱及盆景。

主要品种或变种 ①金叶大花六道木 'Aurea'：叶金黄色，带红晕边。②金边大花六道木 'Francis Mason'：叶黄绿色，边缘黄色。③匍匐大花六道木 'Prostrata'：枝条铺地斜上生长。④紫叶大花六道木 'Diabolo'：叶紫红色。

基本属性

1 2 3 4 5 6 7 8 9 10 11 12

## 272. 蝟实（猬实）

学名 *Kolkwitzia amabilis.* 科属 忍冬科 蝟实属

产地与分布 中国特产，国家三级保护植物。华北、西北、华中多有栽培。

主要识别特征 高2～3m。干皮灰黄色，薄片状剥落。一年生枝生紫褐色，具灰白色粗毛。卵形单叶对生，长3～8cm，先端渐尖，基部圆形，全缘，有缘毛。花冠钟状，每分枝具2花，2花萼筒基部合生；花冠钟状，粉红至紫色，长1.5～2.5cm，被毛，5裂。叶柄、花序均有毛。瘦果卵圆形，长6mm，2合生，1个不发育；瘦果及萼片具刺状刚毛；萼片宿存。

园林用途 姿态优美，花繁叶茂，花色艳丽，果如刺猬，是优良的观赏花灌木。可孤植或点植于草坪、庭院等。

基本属性

## 273. 锦带花

学名 *Weigela florida* 科属 忍冬科 锦带花属

产地与分布 中国原产，主产河北、河南、山东、江苏、浙江等省，辽宁也有分布。

主要识别特征 直立，高可达3m。干皮灰色。幼枝近方形，初有2列柔毛，后脱落。单叶对生，叶卵状椭圆形，长5～10cm，先端渐或突尖，基部圆形，叶表中脉有疏毛，叶背被密柔毛，叶缘上部具粗齿。聚伞花序有花2～4朵，总花梗及小花梗密被柔毛；花冠漏斗状钟形，红或玫瑰紫色，花柱头2裂，花萼5，裂至1/2。蒴果长圆柱形，先端具喙，熟时2裂。

园林用途 花蕾似海棠，开时如木瓜，长枝密花，如曳锦带，故名锦带花，是优良的花灌木。可丛植或列植于庭院一角、河湖两岸、道路两侧、假山石畔等。

主要品种或变种 ①白花锦带花 'Alba'：花近白色。②紫叶锦带花 'Purpurea'：叶褐紫色，花紫粉色。③'红王子'锦带花 'Red Prince' 花鲜红色，繁密下垂状。④'粉公主'锦带花 'Pink Princess' 花深粉红色，密集。⑤斑叶锦带花 'Variegata' 叶绿色，有黄色斑纹，花粉紫色。⑥金叶锦带花 'Aurea' 新叶黄色，后变为黄绿色。

辨识

| 树种 | 枝 | 叶 | 花萼 | 花 |
| --- | --- | --- | --- | --- |
| 锦带花 | 幼枝近方形，有2列柔毛，后脱落 | 卵状椭圆形，叶缘上部具粗齿，叶表中脉疏毛，叶背被密柔毛 | 裂至1/2 | 红或玫瑰紫色，花部被毛 |
| 海仙花 | 小枝明显粗壮，全株近光滑 | 叶片较宽，叶端突或尾尖，叶缘全部具齿，叶脉两面突起 | 全裂 | 初淡红后深红，花柱不出花冠 |

基本属性

金叶锦带

银边锦带

亮粉锦带

白花锦带

‘粉公主’锦带

‘红王子’锦带

‘红王子’锦带

## 274. 海仙花

学名 *Weigela coraeensis* 科属 忍冬科 锦带花属

产地与分布 分布于华东及日本。

主要识别特征 高可达5m。小枝粗壮，无或疏被柔毛；冬芽鳞多。叶宽椭圆至倒卵形，长6～12cm，先端急至尾尖，基部宽楔稍下延，缘具圆钝锯齿，叶面绿亮，叶背淡绿；叶脉两面突起，被平伏毛。聚伞花序生于短枝叶腋，花1～3朵；花冠漏斗形，5裂，淡红或黄白色，后变深红色，长3～4cm，花冠筒中部以下骤狭；线形花萼深裂至基部。蒴果圆柱形，长约2cm，先端2瓣裂。

园林用途 同锦带花。也可作花篱。

主要品种或变种 白花海仙花 'Alba'：花黄白色，后变青玫瑰色。

基本属性

## 275. 木绣球（绣球荚蒾，斗球）

学名　*Viburnum macrocephalum*　　　　科属　忍冬科　荚蒾属

产地与分布　主产于我国江苏、浙江、江西及河北等省，山东有栽培。

主要识别特征　或半常绿，高可达4m。枝条开展；裸芽。芽、幼枝、叶柄、花序均被灰白或黄白色星毛。对生单叶，厚纸质，卵或椭圆形，长5～8cm，宽2.5～4.5cm，先端钝或渐尖，基部圆形，缘具齿牙状锯齿，叶背密被星毛，侧脉5～6对。顶生聚伞形花序，球状，径5～15cm，白色不孕花。

园林用途　花圆如球，色白似玉，花时似白雪盖树，春秋2次开花，是良好的观花树种。宜孤植于草坪、庭院、墙隅或窗前作配景等。

主要品种或变种　琼花（蝴蝶花、聚八仙花）f. *ketkleeri*：聚伞花序，径10～12cm；花序外围白色大型不孕花，中部可孕花。核果长椭球形，长0.8～1.1cm，先红后黑。花期4月；果9～10月成熟。产于浙江、江苏南部、安徽西部、湖南南部及湖北西部等地。为著名的观赏树种，扬州等地市花。

基本属性

## 276. 雪球荚蒾（粉团，雪球，蝴蝶绣球，日本绣球）

学名 *Viburnum plicatum*　　科属 忍冬科 荚蒾属

产地与分布 分布于我国湖北西部、贵州中部及日本、北京以南见栽培。

主要识别特征 高达3m。树枝水平开展，树木幼嫩部分均被星状毛；鳞芽。单叶对生，卵至倒卵形，长4～10cm，宽2～6cm，先端圆或突尖，基部阔楔、圆或近心形，缘具不规则细钝齿；叶脉羽状，脉间有不整齐平行横脉相连，呈长方形网格状，叶脉严重下陷，叶表皱缩。聚伞花序球形，径6～10cm，全为白色大型不孕花。

园林用途 花序大型，花白如雪。常用于庭院、角隅、亭边及草坪、路边等。

主要品种或变种 蝶戏珠花（蝴蝶荚蒾）f. *tomentosum*：或小乔木，高可达5m。一年枝被星状毛；芽灰褐色，被黄褐色星状毛。复伞房花序，边缘为白色大型不孕花，花被裂片4（2大2小），中为微香的淡黄色两性花，有"蝴蝶戏珠"之意境。核果椭球形，长约7mm，红色。花期4～5月。

基本属性

1 2 3 4 5 6 7 8 9 10 11 12

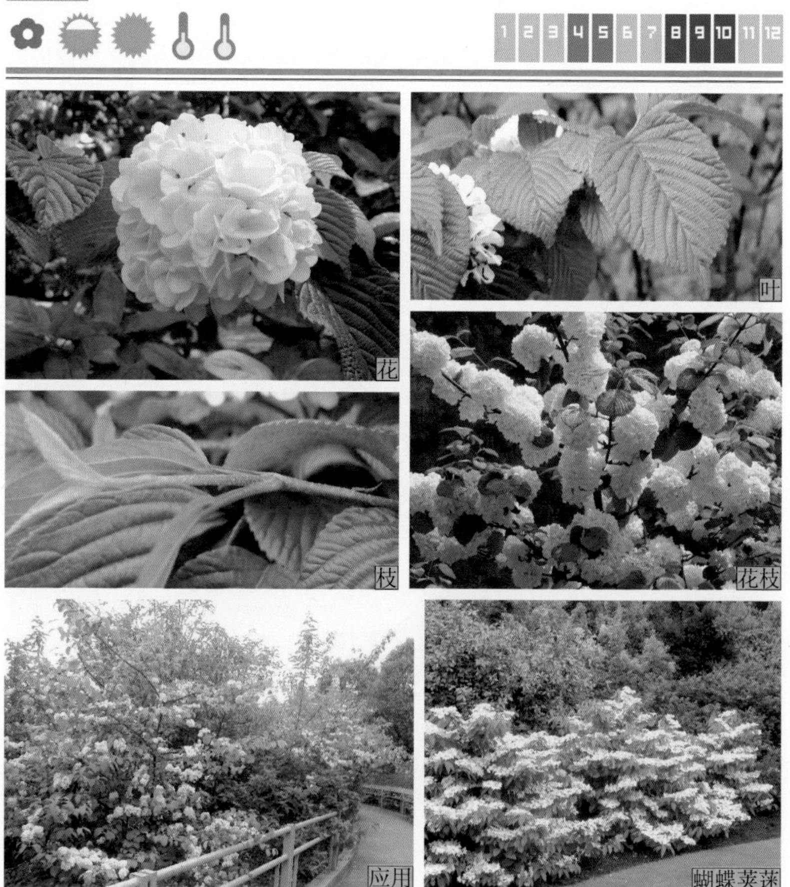

## 277. 欧洲雪球（雪球）

学名 *Viburnum opulus* f.*roseum* 科属 忍冬科 荚蒾属

产地与分布 分布于欧洲及非洲北部。我国引种栽培。

主要识别特征 高可达3m。树皮灰白色。小枝具棱，光滑；鳞芽。单叶对生，宽卵至宽倒卵形，长5～11cm，宽4～8cm，先端3裂，基部圆至截形，缘具粗齿，基出3脉；托叶线形，宿存；叶柄长1～2.5cm，凹沟槽，叶基、叶柄均具腺体。聚伞花序绣球形，径8～12cm，全为白色大型不孕花，花冠裂片5，卵圆形。

园林用途 花开初夏，花初黄绿，盛时白如雪，秋叶红艳，是优良的观花、观叶树种。适用于庭院、草坪、路边等，也可作花篱。

基本属性

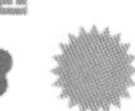

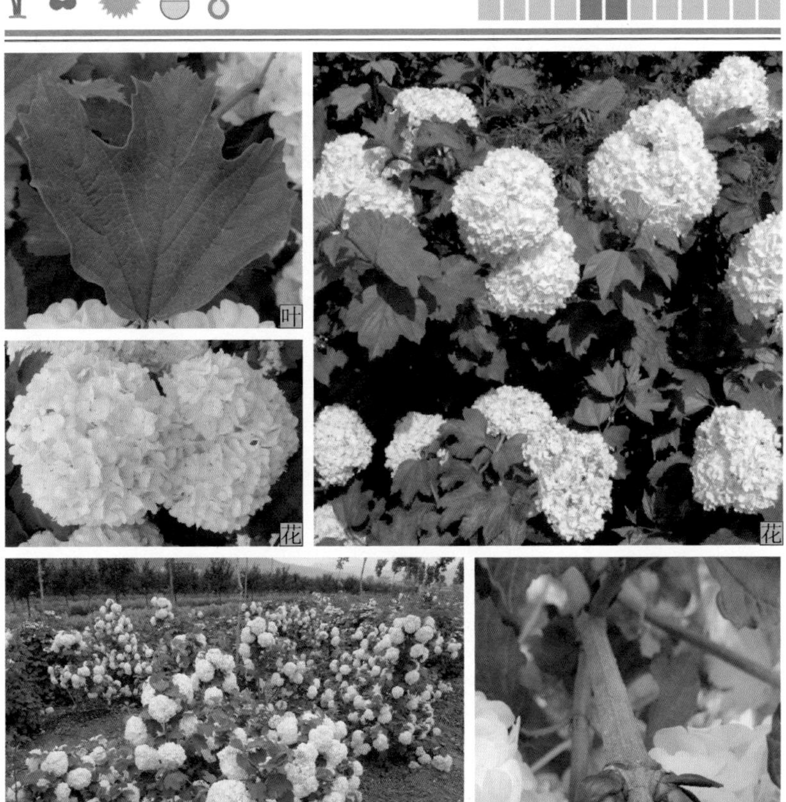


落叶灌木

## 278. 天目琼花（鸡树条荚蒾，山竹子）

**学名** *Viburnum sargentii* **科属** 忍冬科 荚蒾属

**产地与分布** 分布于我国东北、华北、华东地区；朝鲜、日本、俄罗斯也有分布。

**主要识别特征** 高可达3m。树皮暗灰褐色，浅纵条裂。小枝褐色，具棱。单叶对生，卵至宽卵形，长6～12cm，先端3裂，枝梢叶常不裂，掌状三出脉，基部圆、截或近心形，缘具不规则粗齿，叶背被长柔毛及腺点；叶柄顶端具2～4腺体。复伞花序，径8～10cm；边缘为白色大型不孕花，中间为两性花，花冠乳白色，芳香；雄蕊较花冠长，花药紫红色。果红色，近球形，径8mm。

**园林用途** 树姿清秀，叶形美丽，花白芳香，果色红艳。常植于窗前、屋角、庭院或草坪、路边或与假山相配等。

**辨识**

| 树种 | 干皮与枝 | 叶柄 | 花药 | 花期 |
| --- | --- | --- | --- | --- |
| 欧洲琼花 | 干皮灰色；枝条浅灰色，光滑 | 顶端具2～3腺体 | 黄色 | 4～5月 |
| 天目琼花 | 干皮暗灰褐色，浅纵条裂；小枝褐色，具棱 | 顶端具2～4腺体 | 红色 | 5～6月 |

**基本属性**

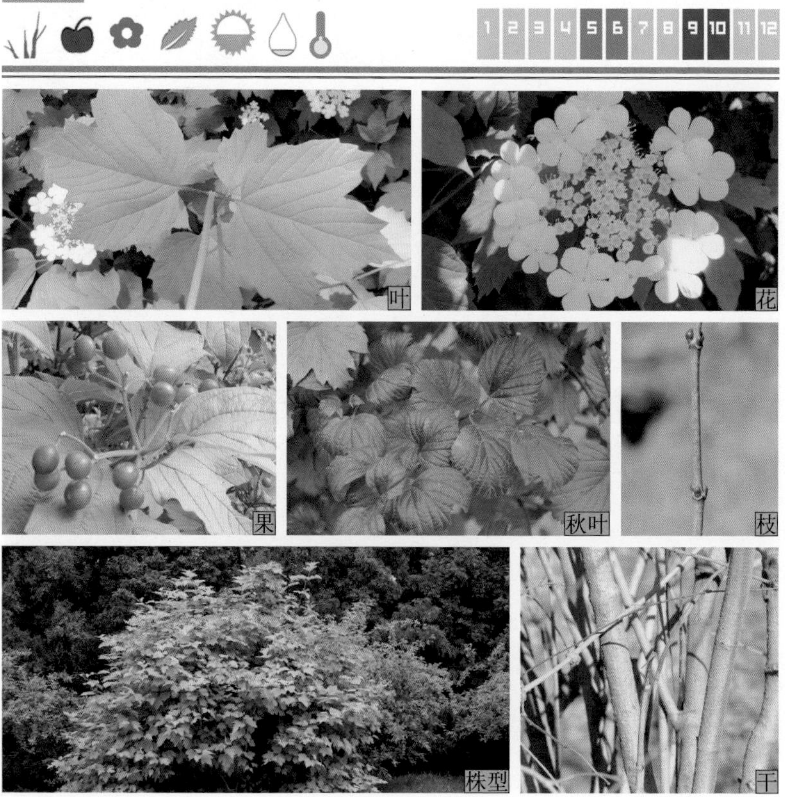

## 279. 郁香忍冬（羊奶子，香吉利子，香忍冬，四月红）

学名 *Lonicera fragrantissima* 科属 忍冬科 忍冬属

产地与分布 分布于江西、浙江、安徽、江苏、河南、山东等地。

主要识别特征 或半常绿，高达2m。树皮灰褐色，茎皮块状剥落。一年生枝紫褐色，被刺刚毛；二年生枝棕褐色；芽鳞2枚。单叶对生，革质，倒卵状椭圆至卵状矩圆形，长4～10cm，先端短尖，基部阔楔至圆形，背面中脉及叶柄疏被刚毛。花对生于叶腋；花冠二唇形，白或带淡红色斑纹，芳香，长1～1.5cm；萼筒常连合，无毛。浆果球形，径约1cm，部分连合。

园林用途 早春花开芳香宜人。可点植、丛植用于庭院、草坪、路边或装扮假山等，也可制作盆景。

基本属性

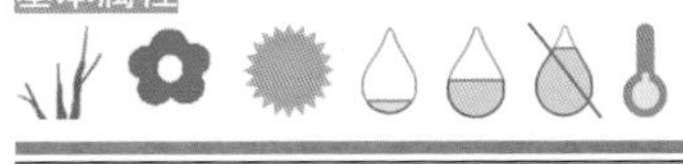

落叶灌木

## 280. 雪果（毛核木，雪莓）

**学名** *Symphoricarpos albus*　　**科属** 忍冬科　毛核木属

**产地与分布** 分布于北美，我国引种栽培。

**主要识别特征** 高1～1.5m。茎皮条状剥落。小枝细弱。单叶对生，卵至椭圆形，长2.5～4cm，宽1.5～3cm，先端钝或突尖，全缘或具浅齿裂，表面绿色，背面灰绿色；叶柄短。花1～3朵簇生，花冠钟形，粉红色，长约6mm，雄蕊短于花冠。浆果白色，球形，径5～8mm，表面被白蜡层，宿存。

**园林用途** 植株低矮，红花白果，十分秀美。可用于庭院、草坪、角隅，也可用作地被或花篱、果篱。

**基本属性**

## 281. 红雪果

**学名** *Symphoricarpos orbiculatus* **科属** 忍冬科 毛核木属

**产地与分布** 分布于北美及墨西哥，我国引种栽培。

**主要识别特征** 高1～1.5m。茎皮条状剥落。小枝细弱，棕褐色。单叶对生，卵至椭圆形，长6～7cm，叶背被绒毛。花冠钟形，白色。浆果球形，紫红至红色，径约6mm；果宿存。

**园林用途** 植株低矮，果色红艳，经冬不落。可用于庭院、草坪，也可用作地被或花篱、果篱，冬天有“雪压血果红枝头”的景观。

**基本属性**

1 2 3 4 5 6 7 8 9 10 11 12

落叶灌木

## 282. 扶芳藤

**学名** *Euonymus fortunei*　　**科属** 卫矛科　卫矛属

**产地与分布** 广布于黄河流域及以南各省区。

**主要识别特征** 吸附型。茎枝随处生根。小枝灰绿色，有密生小疣状突起的皮孔。单叶对生，薄革质，椭圆状卵形，叶表光绿，叶背淡绿，两面平滑无毛，叶缘具钝齿。腋生二歧聚伞花序密集，由具梗小花再组成球状小聚伞花序，小聚伞花序分枝中央多有1花单生；花绿白色，花部均4数。蒴果近球形，黄红色，假种皮橘红色。种子红色。

**园林用途** 干枝虬曲多根，夏花白，秋果红。常配于假山、花墙、陡崖、立柱等处。

**主要品种或变种** ①小叶扶芳藤f. *minimus*：叶较小，长椭圆形，长1.5～3cm，先端较钝，叶缘锯齿尖而明显，叶背叶脉不明显。②花叶小叶扶芳藤'Gracilis'：叶似小叶扶芳藤，但有白、黄或粉红色边缘。

**辨识**

| 树种 | 性质 | 枝 | 叶柄长 | 花 | 蒴果 |
|---|---|---|---|---|---|
| 扶芳藤 | 常绿匍匐或攀援 | 茎枝密生小瘤状突起，随处生根 | 2～7mm | 密集聚伞花序 | 黄红色，假种皮橘红色 |
| 大叶黄杨 | 常绿直立灌木或小乔木 | 小枝梢4棱 | 6～12mm | 密集二歧聚伞花序 | 淡粉红色，假种皮红色 |

**基本属性**

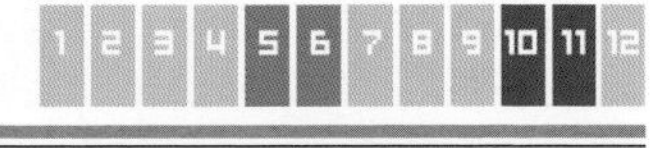

叶

花

果

株型

秋叶

## 283. 蔓胡颓子（抱君子，母羊奶子）

**学名** *Elaeagnus glabra* **科属** 胡颓子科 胡颓子属

**产地与分布** 分布于我国河南及长江流域至华南地区；日本也有分布。

**主要识别特征** 蔓生或攀援，长达5m。枝干常无刺；一年生枝棕褐，密被锈色鳞片。互生单叶，革质或薄革质，长卵状椭圆至长椭圆形，长4～7cm，宽2～4cm，先端渐尖或长渐尖，基部圆形，全缘，叶表深绿，叶背灰绿至淡黄褐色，被锈色鳞片。短总状花序腋生；白色小花3～7朵，芳香，漏斗状，长4.5～5.5mm，下垂，密被锈色鳞片。果圆柱形，密被锈色鳞片，长约1.5cm。果翌年4～5月成熟。

**园林用途** 植株蔓生，枝条细长，花、叶、果俱美。用于花架、廊、亭及栅栏、墙头绿化，也可作自然篱用于林缘、林下或修剪成球等。

**基本属性**

## 284. 络石（钻骨风，白花藤，石龙藤，耐冬）

学名　*Trachelospermum jasminoides*　　科属　夹竹桃科　络石属

产地与分布　分布于我国华北南部至华南、西南、东南各省区；日本、朝鲜半岛、越南也有分布。

主要识别特征　吸附型，长达10m。树皮灰褐色，皮孔明显。一年生枝赤褐色，被黄色柔毛。单叶对生，椭圆至披针形，长2～10cm，先端渐尖或钝，基部楔形，全缘，中脉下凹陷。二歧聚伞花序，总花梗长2～5cm；小花白色，芳香，高脚碟状，径约2cm；花冠裂片5，风车轮形；花萼5深裂，萼片线状披针形，先端反卷，外面被长柔毛。长条状披针形蓇葖果双生，长10～20cm，径0.3～1cm。

园林用途　花果奇特，花期长。适于墙、桥、岩石、假山等立体绿化，也常作地被。

主要品种或变种

①石血（狭叶络石）var. *heterophyllum*：枝具气生根，叶形变化大，以狭披针形为主，稀卵形。

②花叶络石 'Variegatum'：叶具不规则斑块或边缘，奶白或粉红色。

基本属性

应用

花

花叶络石

叶

## 285. 中华猕猴桃（猕猴桃，羊桃）

学名 *Actinidia chinensis* 科属 猕猴桃科 猕猴桃属

产地与分布 分布于我国河北、河南及长江流域各省区。

主要识别特征 缠绕型，长达8m。树皮淡红褐色。小枝红褐色；小枝、叶背、叶柄、花柄、花萼密被灰棕色毛，老枝无毛。单叶互生，圆、宽卵至倒宽形，长5～17cm，先端突尖、平截或凹缺，基部钝圆或心形，缘具刺毛状细齿，叶表疏毛，叶背密被星状毛。乳白色花后期变淡黄，径3.5～5cm，芳香，花瓣和花萼均5枚，近圆形，前者先端成缺刻状，后者先端圆；花柱丝状，放射性排列。浆果圆柱至近球形，黄褐绿色，长3～5cm，密被棕色长毛。

园林用途 叶、花、果俱美。常作为棚架材料。

基本属性

落叶木质藤本

## 286. 野蔷薇（多花蔷薇）

**学名** *Rosa multiflora* **科属** 蔷薇科 蔷薇属

**产地与分布** 主产黄河流域以南各省区；日本也有分布。

**主要识别特征** 半常绿或落叶蔓生型，长达6m。枝茎绿色或带红晕，具扁平皮刺，老茎灰色。奇数羽状复叶互生，小叶5～9枚，长2～5cm，先端钝圆具小尖，基部宽楔或圆形，缘具锐齿，叶表绿色有疏毛，叶背密被灰白绒毛；托叶篦齿状。花多，呈密锥状伞房花序，花白或略带粉晕，单瓣或半重瓣，花径2～3cm，花柱伸出花托外与雄蕊近等长。蔷薇果球形，径约6mm，橘红或红色。

**园林用途** 枝条横斜，叶茂花繁，花香四溢，是良好的春花垂直绿化材料。适用于花架、长廊、粉墙、门侧、假山石壁等垂直绿化。

**主要品种或变种** ①粉团蔷薇var. *cathayensis*：叶较大，通常5～7枚。花较大，径3～4cm，单瓣，粉红至玫瑰红色。花梗有长腺毛，数朵或多朵组成平顶散房花序。②荷花蔷薇 'Carnea'：与粉团蔷薇相近。花淡粉色，花瓣大而开张。③白玉堂var. *albo-plena*：花白色，重瓣，径2～3cm。④十姐妹（七姐妹）var. *carnea*：花深红色，重瓣，径约3cm。

**基本属性**

## 287. 木香（木香藤）

学名 *Rosa banksiae* 科属 蔷薇科 蔷薇属

产地与分布 原产中国西南地区。现华北、西北各省区均有栽培分布。

主要识别特征 半常绿蔓生型，高达6m。干皮红褐色，薄条块状剥落。小枝细长，绿色，疏生钩状皮刺。奇数羽状复叶，小叶3～5枚，卵状椭圆至卵状披针形，长2.5～5cm，先端尖或钝，缘有细齿，叶表暗绿稍有光泽，叶背中脉微有柔毛。顶生伞形花序；花白色，径约2.5cm，单瓣，有香气；花梗细长。蔷薇果近球形，径3～4mm，红色。

园林用途 藤蔓细长，干皮红褐，白花如雪，香气浓郁。常用于垂直绿化。

主要品种或变种 ①黄木香var. *lutescens*：花淡黄色，单瓣，无香气。②单瓣白木香var. *normalis*：花白色，重瓣，香气浓郁。③重瓣黄木香var. *lutea*：花黄色，重瓣，淡香。

基本属性

1 2 3 4 5 6 7 8 9 10 11 12

落叶木质藤本

## 288. 紫藤（朱藤，黄环，藤萝）

学名　*Wisteria sinensis*　　科属　豆科　紫藤属

产地与分布　全国各地广泛分布，以河北、河南、山西、山东最为常见。

主要识别特征　缠绕型，大型木质藤本，长达30m。干皮深灰色，平滑，老时浅裂。一年枝暗黄绿色，密被柔毛。奇数羽状复叶互生，小叶7～13枚，叶表、叶背、小叶柄偶有疏毛。总状花序侧生，长15～30cm，总花梗、小花梗及花萼密被柔毛；蝶形花冠，紫或深紫色，长约2cm；雄蕊10枚，2体（9+1）。荚果扁圆条形，长10～20cm，密被白色绒毛。

园林用途　藤萝缠绕，紫花烂漫，荚果悬垂，别有情趣，著名的传统花木和棚架植物。适于花架、门廊、枯树攀援，也适配植于湖畔、池边、石旁等环境，或制作盆景。

基本属性

## 289. 云实（药王子，云英，牛王刺）

学名 *Caesalpinia decapetala* 科属 豆科（苏木科）云实属

产地与分布 长江流域及以南各省区。

主要识别特征 蔓生型。树皮暗红色，散生钩刺。一年枝棕黄色，嫩枝、叶轴及花序初被柔毛及白粉；侧芽多2～4叠生。二回羽状复叶；羽片3～8对，每羽片小叶6～12对，矩圆形，长1～2.5cm，两端钝圆，微凹，基部稍偏斜，全缘。总状花序顶生，长15～35cm；小花黄色，假蝶形花冠；花梗细而直，长约2.5cm。荚果长椭圆形，长6～12cm，近木质，先端圆，具喙尖，一边具狭翅。

园林用途 枝条蔓生，黄花挺立，常丛植或列植于林缘、草坪、山坡、溪边，或装扮假山、岩石，也可作刺篱或自然篱。

基本属性

1 2 3 4 5 6 7 8 9 10 11 12

## 290. 南蛇藤（落霜红，双红藤）

学名 *Celastrus orbiculatus* 科属 卫矛科 南蛇藤属

产地与分布 广布于我国东北、华北、西北、西南、华东、华中等地。

主要识别特征 缠绕型，长达12m。小枝圆形，淡黄褐色，皮孔明显；髓心白色而充实。单叶互生，近圆或椭圆状倒卵形，长4～10cm，先端钝尖或短突尖，基部广楔形或圆形，缘有钝锯齿。黄绿色小花，单性或杂性；腋生短总状花序或顶生圆锥状花序。鲜黄色蒴果圆球形，径约0.8cm；假种皮红色，3瓣裂。

园林用途 秋叶经霜变红或黄色，果黄色，假种皮红色，美丽醒目。可孤植、列植、群植，适用于花架、墙垣、岩壁等垂直绿化及地面覆盖，也可用于林缘。

基本属性

1 2 3 4 5 6 7 8 9 10 11 12

## 291. 苦皮藤（苦树皮）

学名 *Celastrus angulatus*　　科属 卫矛科　南蛇藤属

产地与分布　产于我国河北至华南、西南。

主要识别特征　缠绕型。枝干灰色；小枝灰黄色，常具4～6纵棱，皮孔密生，圆形到椭圆形，白色；芽卵圆状形。叶大，近革质，长方状阔椭圆、阔卵或圆形，长7～17cm，宽5～13cm，先端圆阔，中央具尖头，侧脉叶表明显突起，两面光滑或背面叶脉具短柔毛。顶生聚伞状圆锥花序，下部分枝长于上部分枝；单性同株，花瓣长方形，长约2mm；盘状肉质花盘，5浅裂。蒴果近球形，直径8～10mm，黄色；假种皮红色。花期5～6月；果10～11月成熟。

园林用途　喜光，较耐阴，耐寒，耐旱，生长迅速，适应性强，耐修剪。

园林用途　叶大浓绿，枝繁叶茂，遮阴效果明显，是优良的棚架植物。主要用于花廊、栅栏及大型花架。

基本属性

1 2 3 4 5 6 7 8 9 10 11 12

## 292. 葡萄（蒲陶，草龙珠）

学名 *Vitis vinifera* 科属 葡萄科 葡萄属

产地与分布 原产黑海和地中海沿岸各国。中国自汉代起从东亚塔什干地区引入，先至新疆后各地，至今有2000余年栽培历史。

主要识别特征 卷须类，长达20m。树皮灰褐色条状剥落。一年生枝褐色具细棱；茎髓褐色；卷须多分枝。单叶互生，叶近圆形，端具3～5浅裂，掌脉5出，缘有不整齐粗齿，两面无毛或叶背有短毛；叶柄长4～9cm。圆锥花序与叶对生，花小，淡黄绿色，花瓣5，上部合生成帽状，早落。浆果，球或椭球形，被白粉。

园林用途 良好棚架材料，既具观赏价值，又兼有遮阳和生产水果的多重功能。

辨识

| 树种 | 枝髓 | 叶 | 花 | 果 |
|---|---|---|---|---|
| 葡萄 | 褐色 | 近圆形，端具3～5浅裂 | 大型圆锥花序 | 成熟紫红、紫黑或黄绿色 |
| 蛇葡萄 | 白色 | 广卵形，3～5中裂或深裂 | 聚散花序 | 成熟蓝黑色 |

基本属性

应用

果

干

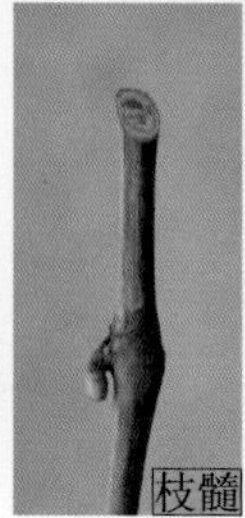
枝髓

叶

## 293. 山葡萄

学名 *Vitis amurensis* 科属 葡萄科 葡萄属

产地与分布 分布于我国东北、山西、河北、山东；朝鲜，俄罗斯也有分布。

主要识别特征 卷须类，长达15m。树皮灰褐色，条状剥落。一年生枝棕黄或红褐色，具棱，无皮孔，髓心褐色；卷须分枝。单叶互生，阔宽卵形，长4～17cm，先端锐尖，基部心形，3～5裂或不裂，边缘具粗锯齿，背面叶脉被短毛。雌雄异株；圆锥花序与叶对生，长8～13cm；小花黄绿色，径约2mm。浆果球形，径约1cm，黑色，被白粉。

园林用途 秋叶变红，主要用于花架、棚架、院墙、栅栏等垂直绿化。

基本属性

叶

果

果

叶背

株型

## 294. 葎叶蛇葡萄

**学名** *Ampelopsis humulifolia*　　**科属** 葡萄科　蛇葡萄属

**产地与分布** 分布于我国东北、西北、华北至华东地区。

**主要识别特征** 卷须类，长可达10m。小枝光滑，具皮孔，髓心白色；卷须与叶对生，分叉。单叶互生，阔卵形，长7～12cm，3～5中裂，基部心至近截形，缘具粗锯齿，叶表光亮鲜绿，叶背苍白；叶柄与叶片近等长。聚伞花序与叶对生，总花梗长于叶柄；小花浅黄色。浆果球形，径6～8mm，淡黄或淡蓝色。

**园林用途** 主要用于花架、棚架、院墙、栅栏等垂直绿化，可攀援装饰枯树。

**基本属性**

## 295. 爬山虎（地锦，爬墙虎）

学名 *Parthenocissus tricuspidata* 科属 葡萄科 爬山虎属

产地与分布 分布于我国东北南部至华南、西南地区；朝鲜、日本也有分布。

主要识别特征 吸附类。树皮暗褐色。枝条粗壮，具分枝卷须，先端肥大成吸盘，无毛；一年枝灰褐或红褐色，皮孔明显。单叶互生，叶宽卵形具3浅裂，叶基心形，缘具粗齿，两面无毛或叶背脉有柔毛，基部五出。苗叶或下部枝条的叶较小，正三角形或3全裂，呈3小叶状。花两性，聚伞花序与叶对生；花部5数，花小，黄绿色，各部无毛。小浆果球形，紫黑色，径6～8mm。

园林用途 入秋叶红，良好的垂直绿化植物。可用于墙体、假山、崖坡、立交桥等处垂直绿化，也可用于厂矿和交通繁华地段的墙壁绿化。

辨识

| 树种 | 叶 |
|---|---|
| 爬山虎 | 宽卵形具3浅裂，下部叶有时成3小叶状，叶柄短 |
| 五叶地锦（美国爬山虎） | 掌状复叶，具长柄，小叶5枚 |

基本属性

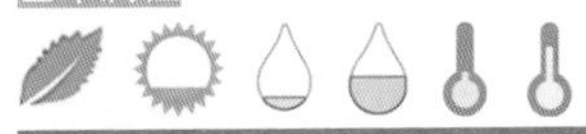

应用

果

枝髓

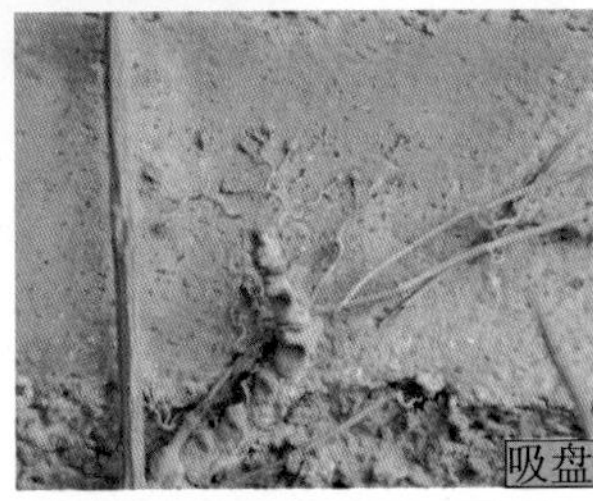
吸盘

叶

秋叶

落叶木质藤本

## 296. 五叶地锦（美国地锦，美国爬山虎）

学名 *Parthencissus quinquefolia* 科属 葡萄科 爬山虎属

产地与分布 原产于北美东部。我国北方广泛栽植。

主要识别特征 吸附类。幼枝绿色常带紫红色，具分枝卷须，先端膨大成吸盘。掌状复叶具长柄，小叶5枚，厚纸质，卵状椭圆或长倒卵形，长4～10cm，基部楔形，缘有粗大锯齿，叶表暗绿，叶背被白粉及柔毛。聚伞花序组成圆锥花序；小花浅黄色。浆果球形，径约6mm，蓝黑色，稍被白粉。

园林用途 秋叶红鲜醒目。常用于矮墙、山石、立交桥等垂直绿化，或覆盖地面等。

基本属性

应用 花 秋叶 果 枝髓 干 株型

## 297. 五加（五加皮）

学名 *Acanthopanax gracilistylus* 科属 五加科 五茄属

产地与分布 原产于我国华东、华中、华南至西南地区。

主要识别特征 高达3m，常呈蔓生状。枝灰棕色，细长下垂，节具扁平刺。掌状复叶5（3～4）长枝上互生，短枝上簇生，倒卵至倒卵状披针形，长3～8cm，宽1.5～3.5cm。1～2伞形花序生于叶腋或短枝顶端；黄绿色花瓣5，三角状卵形，与萼片互生；总花梗长≈1/2叶柄。扁球形果，径约6mm，黑色。

园林用途 多刺蔓生，可点植、列植，常用于林缘、路旁或用作花架、花墙及刺篱。

基本属性

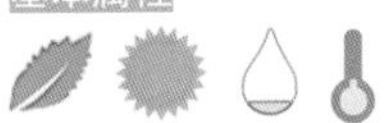

1 2 3 4 5 6 7 8 9 10 11 12

## 298. 凌霄（紫葳）

学名 *Campsis grandiflora* 科属 紫葳科 凌霄属

产地与分布 分布于美国西南部，我国引种栽培，以黄河流域至长江流域最为广泛。

主要识别特征 吸附类。枝干灰黄褐色，条状浅裂，具吸附根，以此攀缘。小枝紫褐色。奇数羽状复叶，小叶7～9（11）枚，卵至卵状披针形，长4～6cm，两面光滑，叶缘细锯齿整齐；总叶柄具关节。顶生聚伞状圆锥花序；花冠漏斗状钟形，橙红色，5浅裂；花萼鲜绿，5中裂，萼裂与萼筒等长。蒴果弯条形，两端渐尖。

园林用途 夏秋开花，形似钟铃，花色红艳浓烈而长久。适用于垂直绿化。

基本属性

1 2 3 4 5 6 7 8 9 10 11 12

## 299. 美国凌霄（厚萼凌霄）

学名 *Campsis radicans* 科属 紫葳科 凌霄属

产地与分布 分布于美国西南部。我国引种栽培，以黄河流域至长江流域最为广泛。

主要识别特征 吸附类。树皮灰褐色，条状浅纵裂，具吸附根而以此攀缘。一年枝绿色带紫晕。奇数羽状复叶对生，小叶9～13枚，长圆至披针形，长2～6cm，先端渐尖，基部圆至阔楔形，缘具不规则锯齿，叶轴、叶背脉密被白毛。聚伞花序组成圆锥花序；花冠狭漏斗形，橘红至暗红色，5浅裂；萼筒钟形，棕红，阴面黄色，5裂，裂片约为1/3萼筒长。蒴果长椭圆筒形，长8～12cm，两端渐狭。

园林用途 夏秋开花，形似钟铃，花色红艳浓烈而长久，适用于垂直绿化。

主要品种或变种 黄花凌霄 'liava'：花鲜黄色，明亮。

基本属性

| 1 | 2 | 3 | 4 | 5 | 6 | 7 | 8 | 9 | 10 | 11 | 12 |
|---|---|---|---|---|---|---|---|---|---|---|---|

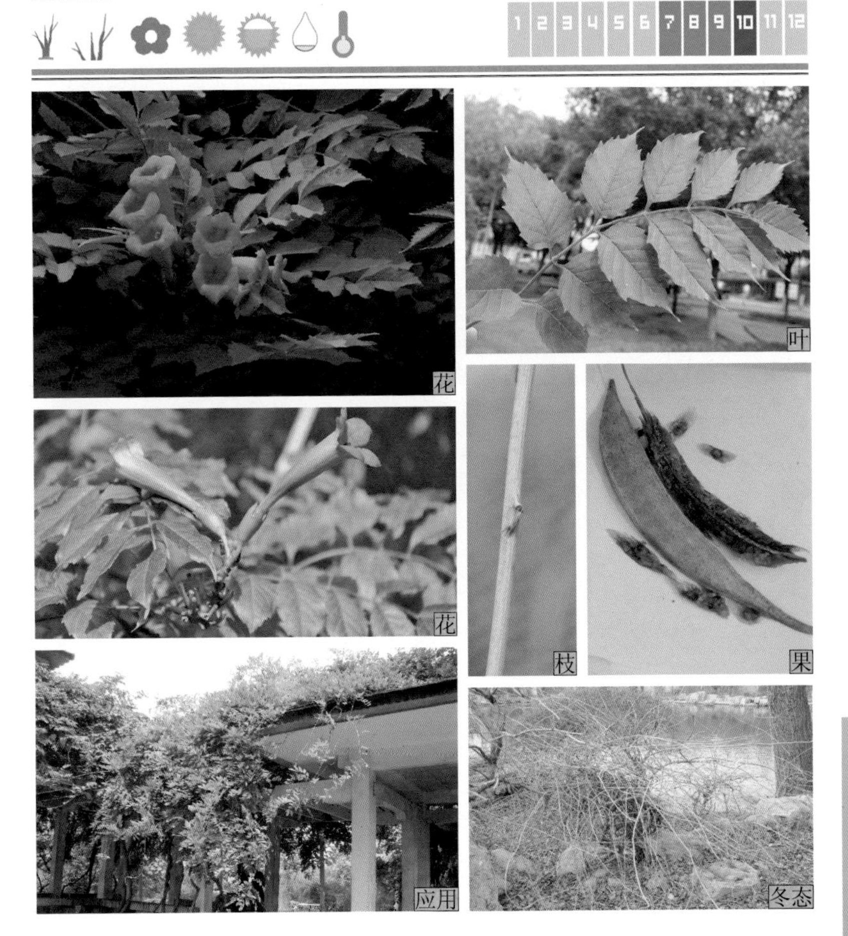

## 300. 金银花（忍冬）

学名　*Lonicera japonica*　　科属　忍冬科　忍冬属

产地与分布　中国原产。全国各地均有分布，有集中栽培产区，如山东平邑。

主要识别特征　常绿缠绕型，多分枝。老枝褐色，条状剥落。茎枝中空，密被柔毛。单叶对生，叶卵形，长3～8cm，宽2～2.5cm，全缘叶，叶缘淡紫色具睫毛，双面被柔毛，脉上尤密。花成对生于枝条上部叶腋，花冠唇形，上唇4裂，下唇1裂并反卷，花先白后黄。浆果球形，黑色，光滑。

园林用途　叶缘淡紫，冬叶微红，花白转黄，气味芬芳。宜用于篱墙栏杆、花廊门架、假山崖坡、山石隙缝等处作绿化点缀。

主要品种或变种　①红金银花var. *chinensis*：茎、嫩叶带紫红色；花冠筒外面淡紫红色。②黄脉金银花'Aureo-reticulata'：叶较小，叶脉黄色。③紫叶金银花'purpurea'：叶紫色。④斑叶金银花'Variegata'：叶具黄斑。

基本属性

1 2 3 4 5 6 7 8 9 10 11 12

株型　花　果　花　干　红金银花

# 附录A　中文名索引

# 附录B 拉丁名索引